L'APPROCHE DE L'EMBRYON HUMAIN À TRAVERS L'HISTOIRE

5-7, rue de l'Ecole polytechnique, 75005 Paris

http://www.librairieharmattan.com
diffusion.harmattan@wanadoo.fr
harmattan1@wanadoo.fr

ISBN : 978-2-296-11326-8
EAN : 9782296113268

Félix Leperchey

L'APPROCHE DE L'EMBRYON HUMAIN À TRAVERS L'HISTOIRE

Une exemplarité épistémologique éloquente

Préface de Claude Debru
Professeur de philosophie des sciences
à l'École normale supérieure

L'Harmattan

Sciences et Société
fondée par Alain Fuchs et Dominique Desjeux
et dirigée par Bruno Péquignot

Dernières parutions

S. CRAIPEAU, G. DUBEY, P. MUSSO, B. PAULRÉ, *La connaissance dans les sociétés techniciennes*, 2009.

François LAROSE et Alain JAILLET, *Le numérique dans l'enseignement et la formation. Analyses, traces et usages*, 2009.

Martine QUINIO BENAMO, *Probabilités et statistique aujourd'hui. Nouvelle édition 2009*, 2009.

Sezin TOPÇU, Cécile CUNY, Kathia SERRANO-VELARDE (dir), *Savoirs en débat. Perspectives franco-allemandes*, 2008.

Jean-David PONCI, *La biologie du vieillissement, une fenêtre sur la science et sur la société*, 2008.

Michel WAUTELET, *Vivement 2050 ! Comment nous vivrons (peut-être) demain*, 2007.

Claude DURAND, *Les biotechnologies au feu de l'éthique*, 2007.

Bruno PINEL, *Vieillir*, 2007.

Régis MACHE, *La personne dans les sociétés techniciennes*, 2007.

Alain GUILLON, *Une mathématique de la personne*, 2005.

Marie-Thérèse COUSIN, *L'anesthésie-réanimation en France, des origines à 1965.* Tome I : *Anesthésie.* Tome II : *Réanimation. Les nouveaux professionnels*, 2005.

Fernand CRIQUI, *Les clefs du nouveau millénaire*, 2004.

Karine ALEDO REMILLET, *Malades, médecins et épilepsies, une approche anthropologique*, 2004.

Claude DURAND (*sous la dir.*), *Regards sur les biotechnologies*, 2003.

Pierre-Yves MORVAN, *Dieu est-il un gaucher qui joue aux dés ?*, 2002.

PRÉFACE

Comme les sciences de la vie dans leur ensemble, l'Embryologie a été dans la deuxième moitié du vingtième siècle l'objet d'avancées considérables. Elle a subi une double révolution, par l'élucidation des mécanismes génétiques de l'embryogenèse et par le rapprochement entre embryologie et évolution, qui avait été déjà imaginé par Haeckel à la fin du dix-neuvième siècle sous la forme de sa thèse célèbre (ultérieurement critiquée) selon laquelle l'ontogenèse récapitule la phylogenèse. Ce simple constat nous invite à inscrire l'embryologie d'aujourd'hui dans son histoire, exercice assez fréquemment pratiqué de nos jours, auquel l'ouvrage de Félix Leperchey apporte une réelle contribution tant par l'ampleur de ses perspectives que par les intéressants aperçus philosophiques qu'il contient. Écrit avec clarté et pertinence, cet ouvrage suscite l'intérêt du lecteur, spécialiste ou non, en restituant de manière accessible de grands moments, parfois oubliés, d'une science qui plus que toute autre parle à l'imagination et à l'émotion car elle ancre l'individu humain, d'une manière puissante, dans la chaîne des générations en objectivant le chaînon manquant, resté inconscient, qui relie l'individu à ses parents. C'est dire à quel point l'embryologie véhicule de charge philosophique, charge d'interrogation que l'être humain porte sur lui-même à partir du moment où il s'éveille à la conscience. L'individu humain est ce mélange de nécessité et de contingence magnifiquement décrit par la biologie moderne et confusément compris par la tradition philosophique rapportée par Félix Leperchey dans son ouvrage. L'histoire de l'embryologie n'est pas seulement affaire de "biologie ", domaine qui ne s'est défini comme une science particulière qu'à la fin du dix-huitième et au début du dix-neuvième siècles. Elle est aussi affaire de philosophie, de théologie, et d'éthique.

Elle est d'abord affaire de "théorie", de raisonnement. La théorie épigénétiste (celle d'un développement par métamorphose) apparaît à l'auteur comme une doctrine plus constante au cours de l'histoire et d'une certaine manière plus solide que le préformationnisme (doctrine d'un déploiement d'une forme identique par agrandissement). Mais d'une certaine façon, la génétique contemporaine du développement transcende cette opposition.

Le fait de replacer, comme le fait l'auteur, les conceptions embryologiques dans l'histoire de la culture confère indiscutablement à son propos une résonance plus forte. L'évocation de figures aussi diverses qu'Aristote, Albert le Grand, Saint Thomas d'Aquin, Léonard de Vinci, William Harvey, Montaigne, Descartes, Caspar Friedrich Wolff, Karl Ernst von Baer, Isidore Geoffroy Saint-Hilaire, Henri Bergson et bien d'autres, figures restituées dans la concrétude de leur contexte, donne du corps à une histoire qui n'est pas seulement celle d'observations et d'hypothèses, mais aussi de passions et de visions. L'auteur, entraîné par son sujet, ne manque pas d'entrer dans des controverses, des points techniques, des jugements parfois hardis et à discuter. L'histoire sert ainsi de propédeutique à la science, et la science contemporaine appelle l'éthique et la philosophie. Pouvoir ou savoir ? Quelles relations entre ces deux pôles de l'activité scientifique ? L'auteur nous laisse sur cette interrogation, que l'embryologie d'aujourd'hui et de demain rendent et rendront toujours plus pertinente.

Claude Debru
Professeur de philosophie des sciences
à l'École normale supérieure

Aux chirurgiens maxillo-faciaux

qui nous ont fait l'honneur de nous admettre dans leur Association à titre de membre correspondant.

AVANT-PROPOS

Goethe allègue au seuil de la Théorie des Couleurs, celle de ses oeuvres à laquelle il était le plus attaché, que "l'histoire d'une science se confond avec cette science même". Le contexte dans lequel cette sentence est située tend peut-être à atténuer sa vigueur ; il reste que sa limpidité dissimulant paradoxalement sa portée, elle implique en fait, au-delà de la reconnaissance d'une évidence suspecte, l'attribution à la science d'un caractère immanent qui la distinguerait des autres produits de l'activité humaine. À une époque où l'essor des techniques donne, en vertu de leurs liens avec la science, une présence accrue à cette dernière dans la société, il importe de dénoncer les illusions dont elle peut être ainsi facilement l'objet.

Au début du siècle précédent, les réflexions d'Henri Poincaré sur la science, rassemblées dans ses essais auxquels son oeuvre proprement scientifique donne un grand prix, soulevant bien des interrogations, permettaient déjà d'entrevoir la complexité des rapports des sciences avec leur histoire. Par la suite, les études d'Alexandre Koyré sur Galilée ont constitué un apport marquant à cette question ; c'est ainsi que l'auteur ayant récemment le plus contribué à l'émergence de vues nouvelles sur l'évolution des sciences, Thomas S. Kuhn, les reconnaît à l'origine de sa propre orientation.

De tout cela, il résulte que les rapports entre les acquis scientifiques, ou ce qui est considéré comme tel, et le cheminement suivi dans leur obtention, apparaissent aujourd'hui loin de se réduire à une simple identité entre les deux termes. Il est donc devenu loisible de douter du bien fondé de la proposition de Goethe, tout au moins prise dans son sens le plus immédiat. Cette mise en question a une portée considérable en entraînant ipso facto celle de la valeur intrinsèque de la science, considérée à un moment donné de son histoire et indépendamment des développements techniques qu'elle peut susciter. Nous aurons l'occasion de revenir sur la nécessité de toujours observer cette dernière distinction qui est souvent négligée. Il reste que ces études, sans renoncer pour autant à une portée philosophique générale, prennent essentiellement appui sur une discipline, la physique, avec ses prolongements dans l'astronomie et la constitution intime de la matière, qui la rendent encore plus prééminente aujourd'hui qu'elle ne l'a jamais été depuis l'Antiquité. Certes, Kuhn fait volontiers globalement état des "sciences de la nature", parmi lesquelles il n'omet pas de nommer la biologie à côté de la physique, de l'astronomie et de la chimie, mais la biologie ne joue pas en vertu de ce qui lui est spécifique, un rôle déterminant dans ses raisonnements. La place occupée par la physique dans l'éventail des sciences non seulement explique, mais tend à justifier cette attitude naturelle de la part d'un physicien.

*

* *

Un tel contexte incite fortement à envisager les rapports entre les sciences et leur histoire du point de vue que peut offrir la biologie, d'autant plus qu'elle occupe une place de plus en plus importante dans l'ensemble des sciences avec la mise en oeuvre de techniques applicables à l'homme lui-même. Dans ce dessein, la biologie groupant des disciplines distinctes et souvent éloignées les unes des autres, il convient de prendre pour cible une de ces disciplines, qui ait été parmi les plus anciennement présentes au moins par son objet, et demeure l'une des plus actives.

Aucune discipline biologique ne remplit mieux ces conditions que l'Embryologie, et son choix offre encore d'autres avantages. Il s'agit d'une discipline bien circonscrite située au centre même du domaine le plus purement biologique qui soit, et dont l'objet concerne directement l'homme en touchant à l'origine de la personnalité propre à chaque individu. L'embryon n'a jamais cessé d'interpeller l'humanité et la trace des supputations qu'il a suscitées est déjà présente dans le peu qui subsiste des auteurs dits présocratiques. Il ne s'agit là que d'expressions poétiques, adaptées à une transmission orale autant, ou presque autant, qu'écrite, de simples méditations, mais qui s'efforcent déjà de répondre à des questions dont la perception est encore bien antérieure. L'embryon figure toujours, aujourd'hui plus que jamais, dans les préoccupations de la société en raison des progrès de son accessibilité ; les questions qu'il pose se font même plus pressantes, pour avoir des incidences pratiques dans des circonstances de plus en plus fréquentes, où entrent en jeu les techniques biologiques récemment mises en oeuvre.

Un large public saisi par l'essor aussi rapide que retentissant de ces réalisations techniques en biologie comme dans d'autres domaines, tend à les confondre avec la science qui revêt ainsi à ses yeux un prestige risquant de l'obnubiler. Les réalisations techniques sont assurément liées à des données scientifiques, mais le degré de profondeur réelle atteint dans la connaissance de ces données reste indépendant de leur emploi. François Jacob dénonçant dans un essai intitulé *La Souris, la Mouche et l'Homme* l'interpénétration croissante de la science et de la technologie, "qui marque, dit-il, si profondément la vie sociale et la culture d'aujourd'hui", insiste en même temps sur la nécessité de les distinguer. Devant la confusion résultant de cette situation, et la tentation qui guette le scientifique d'en profiter, la revue de quelques étapes, parmi les plus importantes, de l'histoire de l'Embryologie est l'occasion de mettre en garde contre les égarements qu'une telle confusion peut favoriser. De plus, cette revue permet d'observer le cheminement vers les acquis scientifiques qui sont devenus des repères dans toute prise de position éthique à l'égard des différentes étapes du processus de la génération, et d'attirer l'attention à ce propos sur l'attitude exemplaire prise sur ce plan par les auteurs scolastiques lors de la mise en place des premiers jalons de ce cheminement.

Une telle exploration rétrospective est d'autre part susceptible de permettre une meilleure perception de certains aspects des rapports des sciences avec leur histoire qui méritent une attention plus grande que celle qui leur est en général accordée. En particulier, s'il a déjà été observé que la science dépendant du langage, ce dernier y tenait une place essentielle, l'on s'est paradoxalement moins soucié des effets de cette dépendance dans les sciences où la part descriptive est considérable, comme c'est le cas de celles où la morphologie tient une grande place, telles que l'Embryologie. En recueillant ainsi une illustration plus parlante de phénomènes déjà repérés dans l'évolution des autres sciences, leur portée et leur signification apparaîtront plus clairement.

L'embryologie de la face et du cou en particulier offre un exemple remarquablement démonstratif de l'importance du rôle que le langage peut jouer dans l'élaboration d'une science par l'introduction d'une terminologie qui paraissait justifiée à l'origine, mais s'avère pernicieuse en entraînant le maintien tacite de conceptions erronées, bien qu'elles aient été établies à partir d'observations justes. L'intérêt épistémologique de cet exemple est tel que nous lui réserverons une place privilégiée dans cet essai dont il constitue le noyau primitif. Ceci nous paraît d'autant plus justifié que l'embryologie de la face mérite de retenir l'attention non seulement de ceux dont l'activité porte plus ou moins sur ce qui dépend d'elle, mais aussi de tout un chacun, en vertu de la place que tient la face à la fois dans la genèse de l'ensemble du corps et dans l'affirmation de la personnalité. La façon dont certaines interprétations se sont imposées en embryologie cervico-faciale, telle qu'elle apparaît maintenant, permet d'en mieux comprendre et mesurer la défectuosité, ce qui invite à dénoncer leurs traces persistant encore. Ce dernier point est facilité par les dernières données recueillies dans ce domaine grâce à l'application des techniques récemment disponibles, ces données invitant de leur côté à une révision de la question sur le plan conceptuel.

*

*   *

La poursuite de ces buts n'exige aucunement de parcourir l'histoire de l'Embryologie dans tous ses détours, mais seulement d'en méditer quelques aspects à certaines de ses étapes. Ces étapes au demeurant n'ont pas à être envisagées du point de vue de l'historien des sciences avec les exigences que cela comporte, mais seulement en fonction de nos objectifs, ce qui laisse plus de liberté dans leur abord. Néanmoins la chronologie continue d'unir l'ensemble de ces étapes très disparates, même si leur contexte historique est envisagé seulement dans la mesure où il contribue à dégager leur intérêt épistémologique. Dans un domaine tel que celui-ci, l'histoire a, en vertu de l'utilité constante et de l'immatérialité de son produit, un intérêt d'une actualité permanente qui mérite de passer avant l'attrait que lui confère, ici comme ailleurs, le pittoresque de ses anecdotes. Toutefois, de semblables anecdotes ayant fait, comme nous le verrons, la délectation légitime d'humanistes insignes, il a paru opportun de ne pas les ignorer systématiquement, en espérant ainsi pourvoir, si peu que ce soit, à celle, non moins légitime, du lecteur.

CHAPITRE I

L'EMBRYON CHEZ LES AUTEURS DITS PRÉSOCRATIQUES.

Un sujet de méditation pour les "philosophes de la nature".

La référence essentielle en matière de biologie dans l'Antiquité étant Aristote, il serait tout à fait fondé d'évoquer un éveil "préaristotélique ", plutôt que présocratique de l'attention sur l'embryon, avant de s'arrêter sur l'apport considérable de cet auteur qui fait quasiment figure de pionnier des sciences de la nature en particulier de celle qui nous occupe. Toutefois il demeure opportun d'appliquer leur désignation habituelle à ceux qui ont précédé le représentant symbolique de la sagesse antique, d'autant plus qu'Aristote lui est rattaché par son maître Platon.

Le mot embryon est la transcription du grec "embruon" dont l'étymologie, "en-bruein", évoque un bourgeonnement très actif et intérieur. Il est évident que la notion d'embryon, si bien désignée, a hanté l'esprit des Grecs de tout temps, mais il est très difficile d'apprécier ce qu'elle représentait pour eux avant Aristote et les parts respectives d'objectif et d'imaginaire susceptibles d'entrer alors dans ce concept. De toute façon une telle évaluation n'éclaircirait guère l'impact de la question dans la réflexion des auteurs présocratiques.

Il paraît plus intéressant et loisible de discerner chez les présocratiques toujours animés par des préoccupations d'ordre éthique, deux courants, ou plutôt deux tendances souvent mêlées mais de natures distinctes. L'une, nettement dominante, mettant à profit une aptitude développée au raisonnement mathématique, portera ces chercheurs à utiliser plus ou moins exclusivement celui-ci dans l'exploration de l'environnement, ce qui les conduira à envisager avant tout ses aspects cosmiques. L'autre laissant au principe même de cette exploration la première place, se préoccupera volontiers au fil des circonstances de ce que cet environnement offre de plus proche, même là où le raisonnement mathématique n'est d'aucun secours dans son exploration. La prédominance du premier courant explique dans l'Antiquité l'essor des mathématiques elles-mêmes, de l'astronomie et de la physique ; le second la consignation des premières observations touchant les sciences naturelles.

Il semble qu'il convienne de citer deux personnalités saillantes illustrant cette dernière tendance : Parménide et Empédocle. Ce choix n'a rien d'original : c'est déjà celui de Jamblique, le philosophe néoplatonicien du IVe siècle dans sa Vie Pythagorique où il dit : "Quand on cite des philosophes de la nature, on nomme en premier lieu Empédocle et Parménide d'Élée.", comme le signale J. P. Dumont dans le volume consacré aux présocratiques dans la collection de la Pléiade.

*

* *

Parménide est en effet hanté dans la seule oeuvre qu'il semble bien avoir écrite, son traité de la nature en vers, par le problème de la genèse de l'homme qu'il voit indissociable de celle de l'univers dans sa totalité. Dans cette optique, la question de la détermination du sexe le préoccupe particulièrement, et nous notons qu'il la situe avec justesse, dans la conception même, en voyant l'embryon déjà sexué.

De fait, la traduction de Parménide en vers latins de Célius Aurélien, un médecin du IVe siècle, dont voici la version française de J.-P. Dumont dans l'ouvrage auquel il vient d'être fait allusion, dit que le sexe se détermine "quand ensemble homme et femme en même temps mélangent les semences d'amour, ou présents de Vénus," et, quelques vers plus loin, apparaît le terme même d'embryon. La génétique dont l'essor marque notre siècle en biologie ratifiera totalement cette vision purement spéculative.

L'autre présocratique qu'il convient d'évoquer, Empédocle d'Agrigente, est relié de façon certaine au précédent. Diogène Laerce rapporte que plusieurs auteurs dont Théophraste disent qu'il en fut même le disciple. Ce témoignage de Théophraste est particulièrement précieux, comme venant du disciple fidèle et le plus proche d'Aristote, son continuateur dans le même courant philosophique qui va faire à ce que nous appelons la biologie une place privilégiée. Étonnante figure, cet Empédocle, "médiatique" avant la lettre, assidu des exhibitions sportives dans un accoutrement voyant, et auquel certains ont prêté une fin spectaculaire dans le cratère de l'Etna.

De façon plus certaine, Empédocle est l'auteur d'un traité en vers, sur la nature, comparable à celui de Parménide, et avait les mêmes préoccupations, mais il ne semble pas qu'il proposa de les résoudre de façon aussi heureuse et claire, ce qui nous vaudra sur ce sujet maintes dissertations d'Aristote et de Théophraste. Ces dissertations ont au moins l'intérêt de nous confirmer les liens unissant ces différents auteurs et la continuité de leur quête scientifique. De toute façon, Empédocle n'est nullement négligeable de bien des points de vue. Il s'intéressa en particulier avec bonheur aux annexes embryonnaires.

Rufus d'Éphèse, médecin grec du IIe siècle, auteur d'un dictionnaire anatomique, attribue à Empédocle, sinon la reconnaissance de la membrane qui enveloppe le foetus, du moins son appellation d'amnios. Ce point est confirmé, selon A. Bailly dans son dictionnaire grec-français familier aux lycéens, par Pollux de Naucratis, grammairien également du IIe siècle. Ambroise Paré, comme le signale le Rufus français que fut Littré, a pensé qu'amnios voulait dire ici comme ailleurs simplement agneau, par référence à la mollesse et la malléabilité de ce jeune animal, et proposa en français le joli terme « d'agnelette », qui lui paraissait moins pédant et plus adéquat dans sa gracieuse féminité. Littré à juste titre séduit, emboîta le pas avec allégresse. Il y a bien un rapport entre l'amnios et l'agneau, mais il serait possible qu'il soit moins direct. Ce pourrait être par analogie avec l'"amnion" désignant chez Homère le réceptacle contenant du sang destiné aux sacrifices, comme le suggère Bailly, toujours dans son dictionnaire, en signalant les deux sens distincts du mot dans sa version neutre : le réceptacle en question et l'annexe embryologique. L'évocation de l'agneau provient-elle de ce réceptacle même, que ce soit par sa nature originelle ou une autre raison, ou bien de son contenu ?

*

*   *

L'intérêt pour les sciences de la vie, en particulier le problème de la génération, dont ont ainsi témoigné Empédocle et Parménide, n'est pas au demeurant le trait le plus saillant qui apparaît lorsque l'on s'informe à leur sujet, mais tout ce qu'ils ont de commun avec leurs émules: des prévisions astronomiques et des supputations cosmologiques, voire simplement des réalisations techniques, comme celle qu'Empédocle imagina pour atténuer les effets néfastes d'un vent dominant qui soufflait sur sa ville, Agrigente. D'autre part, leur souvenir est parvenu juqu'à nous avant tout en raison de leur habileté à manier les concepts, ce dont tous les auteurs de ce temps eurent plus ou moins la passion comme d'un jeu sinon récemment découvert, du moins toujours à la mode, autant que comme un moyen de progresser en connaissances. Aucun des deux, de surcroît, n'est étranger, et il s'en faut, à la mouvance pythagoricienne qui représente la forme la plus pure de la première tendance qui a été évoquée. Empédocle en particulier est même considéré volontiers comme un pythagoricien en ayant pu être, au moins à un moment donné, l'élève de l'un d'eux. Il n'y a donc absolument aucun cloisonnement entre les adeptes des deux tendances, seulement une nuance différente dans leur orientation.

De toute façon, la tendance dont Parménide et Empédocle sont à l'origine les représentants les plus insignes reste très loin d'avoir atteint sa pleine expression, et n'est jamais totalement dominante, on pourrait la comparer à un feu qui couve, alimentant une fumée persistante et jetant de temps à autre quelques éclats. Le feu s'allumera avec Aristote : avec lui, c'est l'orientation même de l'activité intellectuelle qui va se modifier.

Certes, le corpus hippocratique offre déjà une synthèse repensée des méditations présocratiques sur l'embryon, mais son auteur dans lequel R. Joly reconnaît après Littré le Maître de Cos lui-même, se place davantage d'un point de vue médical, que ce soit celui du gynécologue obstétricien ou celui du pédiatre, que de celui de l'adepte des sciences de la vie. Joly suit également Littré dans la reconnaissance de l'unité que ces textes forment avec ceux, plus purement médicaux, qui leur sont associés. Cette étude sur la génération reste évidemment précieuse par la confirmation qu'elle apporte de la place que celle-ci occupe dans la médecine aussi bien que dans ce qu'on a appelé "la philosophie de la nature" de l'Antiquité, mais elle ne constitue pas une contribution à la question aussi décisive que celle d'Aristote, à propos de laquelle néanmoins deux remarques s'imposent immé-diatement. Tout d'abord il y a une continuité, et même une relation préférentielle indéniable entre Aristote et les présocratiques s'inscrivant dans la seconde tendance qui a été évoquée, en particulier ses deux représentants les plus marquants, ainsi qu'en témoignent les références d'Aristote à ces auteurs. Dans le cadre de cette tendance, comme on l'a vu, la question de la génération, et de ce fait même l'embryon, tiennent déjà une place appréciable dans leurs préoccupations. La prise en considération de l'embryon chez les présocratiques demeure en quelque sorte latente dans celle du problème de la génération, mais elle transparaît déjà par bribes éparses, telles que celles qui viennent d'être évoquées, parmi les réflexions que la génération suscite ; avec Aristote l'embryon s'affirmera à la fois comme la clef et la pièce à conviction essentielle de l'enquête sur la génération qui continuait plus que jamais de s'imposer à lui.

CHAPITRE II

L'EMBRYOLOGIE D'ARISTOTE

Embryologie et génération,
des prétentions déçues,
mais au-delà d'une exhortation à l'expérimentation
une apologie de fait du raisonnement.

Aristote se présente donc en fin de compte comme le scientifique de l'Antiquité du type de ceux que nous qualifions maintenant de biologistes, prenant place à côté des mathématiciens, physiciens, astronomes et des philosophes purs. Son oeuvre de biologiste nous est largement parvenue sous la forme de "traités" peu amples, nous livrant néanmoins sur un sujet donné, non seulement sa pensée, mais l'état des connaissances à son époque. L'authenticité de ces traités, en dépit de quelques réticences limitées, n'est pas discutée. Tout cela fait qu'ils constituent pour les origines antiques des sciences biologiques la référence essentielle.

Devant la multiplicité et la variété des espèces avec l'émergence de deux grands types de vie, la végétale et l'animale, le champ occupé par l'embryon n'apparaissait pas d'emblée délimité dans celui de la génération qui a hanté aussitôt l'esprit. Dans ces conditions, il ne faut pas s'attendre à ce qu'Aristote nous entretienne de l'Embryologie en tant qu'étude concrète de l'organisme en développement, que ce soit dans un oeuf au sens le plus usuel du terme, ou dans un autre organisme porteur. Tout au plus quelques traits de l'Embryologie stricto sensu ont été entrevus ou pressentis. Il s'agit en fait du vaste problème de la génération, au coeur duquel commencera de se dessiner quelque vingt siècles plus tard l'Embryologie proprement dite. En revanche l'embryologie d'Aristote, ainsi entendue, est directement impliquée dans les problèmes philosophiques de la perpétuation de la vie et de ses origines.

Tous ceux qui se sont penchés sur les dissertations aristotéliques touchant la génération, aussi bien les biologistes eux-mêmes que les hellénistes, se sont néanmoins sentis parfaitement autorisés non seulement à y voir une préfiguration de l'Embryologie, mais encore à leur en appliquer l'étiquette. Il n'en reste pas moins vrai que cette extension de l'application du terme d'embryologie, pour justifiée qu'elle puisse être en recouvrant une unité réelle, mais qui englobe à la fois des réflexions purement spéculatives anciennes et une discipline scientifique actuelle progressant par la mise en oeuvre de techniques de plus en plus sophistiquées, comporte une ambiguïté qui doit rester présente à l'esprit. Au demeurant, cette extension n'est pas aussi artificielle qu'elle pourrait le paraître à un étudiant ouvrant aujourd'hui un Traité d'Aristote, que cet étudiant soit inscrit dans une Faculté des Sciences, ou de Médecine ; une fois son dépaysement vaincu, il percevra sans aucune difficulté une unité profonde dans l'objet poursuivi avec les cours qu'il entend, et les manuels dont il se sert.

Cet étudiant devrait en revanche s'étonner d'un paradoxe qui le concerne particulièrement, mais a aussi une portée générale : la place occupée par l'Embryologie, entendue comme il vient d'être vu, dans les sciences biologiques à cette époque, est beaucoup plus importante que celle qui est réservée à la discipline correspondante dans l'éventail des sciences fondamentales qui lui est actuellement proposé.

En effet, l'embryologie, telle qu'elle se présente alors, fait non seulement l'objet d'un traité entier, intitulé *De la génération des animaux,* mais l'helléniste Pierre Louis dénombre dix-sept références à ce traité, dont l'objet préoccupait à chaque instant son auteur, dans ses autres traités de biologie. Si la plus grande partie de ces références se trouve dans le traité intitulé *Les parties des animaux,* écrit tout entier dans la perspective de celui qui a pour objet la génération, ce sujet est abordé d'autre part déjà amplement dans *L'histoire des animaux*, où il occupe les livres V à VII. La médecine, en dépit de ses préoccupations pragmatiques dominantes, accuse la même prééminence de ces questions que ce qui correspond à la biologie proprement dite. L'opuscule d'Hippocrate, auquel il a déjà été fait allusion, témoigne des mêmes soucis, que nous retrouvons plus tard encore chez Galien. Ainsi, alors que l'intérêt porté à la génération, englobant nécessairement l'intérêt pour l'embryon, a tenu une place prééminente dans la quête des sciences que nous qualifions à présent de biologiques – et n'était-ce pas justifié ? Quoi de plus important dans une chose, que ce qui lui permet d'être ? – l'Embryologie occupe paradoxalement, à présent qu'elle s'est épanouie, une place relativement plus restreinte dans l'ensemble de ces sciences.

S'il est vrai que d'autres sciences biologiques ont connu un essor d'une ampleur encore plus considérable que l'Embryologie, en ce sens qu'il n'était même pas possible de percevoir leur objet avant leur éclosion au XIXe siècle, alors qu'inversement l'Embryologie, en se dessinant au centre de problèmes anciennement perçus, s'est trouvée davantage circonscrite ; cette différence, à elle seule, ne saurait rendre compte d'une telle évolution, qui est avant tout une expression du caractère humain de la science. L'embryologie contemporaine, en raison de l'échelle de grandeur où se situent les faits qu'elle englobe, exige la mise en oeuvre des techniques microscopiques, ce qui tend à l'écarter des préoccupations de tous ceux qui ne pratiquent pas ces techniques. C'est pour cette raison qu'elle était liée à l'Histologie encore récemment dans l'administration et la pratique universitaires, au moins dans les vieilles universités européennes. Il n'est guère d'autres disciplines pour lesquelles l'approche humaine, avec les techniques qu'elle requérait, a autant prévalu sur leur objet pour régir leur insertion sociale. De plus, en vertu de l'hiatus qui existe sur le plan sensoriel entre l'univers microscopique et le monde tel qu'il apparaît à notre échelle, l'Embryologie exigera la constitution d'une sémantique qui lui sera propre. Gagnant en force et en précision, ce qui est certes essentiel, elle perd de son accessibilité, ce qui a bridé l'accroissement de l'impact culturel qui aurait dû résulter de ses progrès.

*

* *

Un deuxième trait devrait également apparaître au jeune lecteur d'Aristote : ce sont les ambitions très élevées de l'Embryologie chez cet auteur, ambitions dont en progressant elle s'est éloignée au point de les ignorer aujourd'hui totalement et résolument. Elle s'inscrit éloquemment de ce point de vue dans l'évolution générale des sciences.

De plain-pied avec la philosophie à ses débuts, elle vise alors d'emblée, à travers l'animal, l'homme, tel qu'il se perçoit lui-même. Le titre *De la génération des animaux* ne doit pas être pris dans un sens trop restrictif. Dans le premier chapitre du IIe livre de ce traité, Aristote tente une analyse des rapports entre l'âme et la semence, ou entre l'âme et les différentes parties de l'embryon. Comme le fait remarquer Bergson dans *L'Évolution créatrice* : « Si la *psukhê* d'Aristote, entéléchie d'un corps vivant, est moins spirituelle que notre âme, c'est que son *sôma*, déjà imbibé d'idée, est moins corporel que notre corps. La scission n'était donc pas encore irrémédiable entre les deux termes. » Bien que le sens du mot "âme" soit donc ici sensiblement différent de celui qu'il revêt à présent de façon habituelle, néanmoins son emploi, en raison des résonances qu'il avait déjà à cette époque, laisse penser qu'Aristote n'échappe pas à la tendance de l'Antiquité à projeter sur l'univers une vision anthropomorphique. La science de l'Antiquité est déjà la poursuite objective des phénomènes au-delà de leurs apparences, mais elle vise avant tout celui que Teilhard de Chardin appellera vingt-quatre siècles plus tard le "phénomène humain". Dans cette démarche générale, l'Embryologie, au sens étymologique du terme, occupe alors une place privilégiée.

L'Embryologie en cessant d'être essentiellement spéculative oubliera donc ses aspirations initiales : non seulement son champ se restreindra en se délimitant dans le problème de la génération, mais elle ne sera plus l'embryologie de l'homme tel qu'il se perçoit lui-même, seulement celle de l'animal au sens strict avec, bien entendu, le souci particulier de l'espèce humaine, ce qui est très différent. Cette embryologie animale est frustrante pour l'être pensant, et l'on verra encore dans la littérature du XIXe siècle "l'homunculus" hanter les esprits, comme au deuxième acte du second Faust ; sans parler de ces biologistes des siècles précédents tels qu'Hartsoecker ou

François de Plantade, qui étaient enclins à admettre son existence au point de croire le reconnaître dans le spermatozoïde. Le fait d'avoir été l'expression de cette frustration n'est pas le seul intérêt du concept de l'homunculus qui apparaît si vivace, et sur lequel nous aurons l'occasion de revenir. Ce concept est en réalité la négation de l'embryologie : nous allons voir qu'il est déjà celle de l'embryologie aristotélicienne, ce qui est révélateur de ce que cette dernière recèle de définitivement valide et en même temps d'essentiel.

Les ambitions déçues par la science ont été reportées dans son exploitation pour l'action, tout au moins dans les disciplines où ce transfert était possible. Valéry a noté le rôle particulier que Léonard de Vinci a joué dans la translation du but suprême de la science : le pouvoir se substituant au savoir. Dès 1929, cet auteur va jusqu'à dire à propos de Léonard, dans une étude servant d'introduction à celle de Leo Ferrero : « Par là, cet homme est un ancêtre authentique et immédiat de la science toute moderne. Qui ne voit que celle-ci tend toujours plus à se confondre avec l'acquisition et la possession de pouvoirs ? J'oserai donc la définir ainsi, car cette définition est en nous, quoi que nous en ayons. Je dis que la Science est l'ensemble des recettes et procédés qui réussissent toujours . . . ». Il est revenu maintes fois sur ce point dans ses *Cahiers,* mais ceux-ci semblent témoigner qu'il ne se soucie guère de l'envers de la médaille qu'il frappe lui-même si bien. Alors que la science s'établit plus solidement, elle restreint ses prétentions, en entérinant ainsi un échec masqué par les moyens d'action qu'elle apporte à l'homme sur lui-même et son environnement, dont l'intime compréhension continue de lui échapper par son seul truchement.

Or, si certaines disciplines biologiques comme l'Anatomie, par exemple, qui d'esthétique va devenir de plus en plus chirurgicale, trouvent leur compte dans cette évolution, l'Embryologie n'en a guère bénéficié ; c'est encore une raison qui s'ajoute aux précédentes pour expliquer son retrait paradoxal. C'est maintenant seulement que l'Embryologie semble à son tour devoir accéder à la capacité d'agir ; la perspective de cette promotion tardive peut susciter de l'enthousiasme, mais aussi de l'inquiétude.

*

* *

S'il est permis de voir dans l'embryologie aristotélicienne les prémices de l'Embryologie telle qu'elle est enseignée dans les Facultés, comme le suggère déjà l'évocation d'un lecteur étudiant, il y aurait néanmoins quelque artifice à prétendre la couper de ses connexions philosophiques, et l'extraire en quelque sorte du contexte dans lequel elle est insérée si profondément que son auteur ne pouvait pas même la concevoir en dehors de celui-ci.

Aristote a fait part au-delà de bien des tâtonnements, d'approximations et même de constructions totalement caduques, de vues sur l'embryologie qui apparaissent toujours valables, à condition d'interpréter certains termes qui font figure de pivots dans ses raisonnements, avec une souplesse suffisante qui n'exclue pas la rigueur. Son oeuvre s'affirme comme un exemple particulièrement démonstratif de la vertu du raisonnement pur, dont il avait parfaitement conscience, comme de celle de ses dangers, ce qui est peut-être le trait le plus significatif de son génie.

Une page parmi d'autres du Traité *De la génération des animaux* (II, 8), où Aristote traite de la stérilité des hybrides comme le mulet, illustre notre propos. Aristote dans un premier temps rappelle les données du problème posé, celui de la cause de la stérilité de sujets résultant de la combinaison de deux espèces différentes ; et il démontre que la question posée est conceptuellement reliée de façon satisfaisante à ces données mêmes. Puis, brusquement, en vertu des principes du raisonnement, considéré à présent sur le plan général, en le respectant à sa place d'arbitre suprême, il nous révèle par une sorte de tour de prestidigitateur de la pensée que celui qu'il vient de proposer n'a aucune valeur et en tire les conclusions. « Voilà donc, dit-il, ce raisonnement : il est trop général et vide. En effet les raisonnements qui ne partent pas des principes propres à l'objet étudié sont vides ; ils semblent découler des faits, mais n'en découlent pas vraiment. » Et aussitôt il précise : « Ainsi donc cette méthode de recherche n'est pas à suivre, ni ailleurs ni en sciences naturelles. C'est en examinant les particularités qui caractérisent le genre des chevaux et celui des ânes qu'on aurait le plus de chances de trouver la cause. » (Trad. Pierre Louis, Ed. Les Belles Lettres). Il n'y a pas là d'opposition entre la méthode expérimentale et le raisonnement, puisque c'est par le raisonnement que le philosophe dégage l'opportunité d'appliquer la méthode expérimentale, les deux approches demeurent complémentaires. Au-delà de l'injonction à reprendre l'étude du problème à la faveur d'une exploration plus attentive de ses données, il y a plus profondément une exhortation exemplaire à veiller à ce que la forme du raisonnement ne masque pas l'insuffisance de son contenu.

Cet auteur garde en raison de cette lucidité critique une place privilégiée dans l'histoire de la pensée humaine. Il est toujours délicat d'exprimer dans notre manière de penser actuelle ce qui peut être inclus de plus subtil et de plus pénétrant dans ces textes anciens en y restant en quelque sorte sous-jacent, mais la subtilité et la solidité du raisonnement que nous venons de voir incite à le tenter en dépit des protestations que cette attitude peut soulever.

La reconnaissance du fait que tout organisme en développement, oeuf ou embryon, soit porteur d'un certain potentiel n'est qu'un truisme, mais il ne va pas de soi pour autant, en dépit des apparences, que cette potentialité soit déterminée par l'organisme en cause, et lui soit de ce fait spécifique, comme c'est le cas. On pourrait en effet imaginer une fiction où cette potentialité serait indéterminée dans une certaine mesure et résulterait plus ou moins de l'environnement. Rien dans les textes d'Aristote ne suggère un tel égarement et ne vient à l'encontre de ce que l'on peut appeler le principe de potentialité spécifique qui préside au développement embryonnaire, dont nous savons aujourd'hui qu'il est sous-tendu par le génome, et auquel le principe de l'épigenèse est évidemment lié. En effet, l'épigenèse n'est que l'ensemble des processus aboutissant au cours du développement à la création de formes et de structures nouvelles à partir d'états antérieurs, et dans lesquelles subsistent des caractéristiques latentes et profondes communes à ces états. L'accomplissement de tels processus n'est possible qu'en vertu d'un certain potentiel. Il est entendu qu'Aristote n'a formulé les principes ni d'une potentialité spécifique ni de l'épigenèse, mais leur reconnaissance implicite transparaît dans tous ses raisonnements. Comme le dit Ph. Caspar : « Sur le plan théorique, Aristote est le premier défenseur de la thèse du développement épigénétique, conçu comme l'expression d'un principe de finalité à l'oeuvre sur le plan biologique. »– D'autre part Aristote s'est efforcé de déterminer, dans la mesure où le permettaient alors les moyens dont il disposait, la façon dont la potentialité spécifique de l'embryon ainsi définie dès son origine s'accomplit pour devenir réalité.

Aristote distingue trois formes de vie qui sont, en allant de la plus élémentaire à la plus achevée, la végétative, l'animale ou sensitive, et l'humaine ou spirituelle, plus exactement "intellective". Il assigne corrélativement à l'embryon humain le passage par les deux premières formes avant d'accéder à la troisième. Les conditions du métabolisme de l'oeuf au début de son développement sont assurément bien différentes de celles des végétaux autotrophes, mais il reste tout de même vrai qu'à ces premiers stades, l'oeuf a en l'absence de l'ébauche de tout organe différencié une organisation purement tissulaire qui a quelque analogie avec celle des végétaux. D'autre part, la conception aristotélicienne d'un état animal succédant au précédent, l'animal restant indéterminé, qui précéderait l'établissement des caractères propres à l'homme, est en accord avec la modalité selon laquelle l'embryon se construit réellement, telle que nous verrons von Baer la définir au début du XIXe siècle dans ses propositions qui invoquent la mise en place de caractères généraux précédant celle des caractères particuliers à l'espèce. Ces propositions n'ont rien perdu de leur vertu, et nous montrerons qu'une plus grande attention à leur égard eût peut-être permis d'éviter l'instauration d'une conception boiteuse de l'embryologie cervico-faciale. Dès maintenant il est permis de noter qu'il n'y a aucune contradiction entre les réflexions de von Baer et la conception générale du développement embryonnaire qui se dégage des écrits d'Aristote. Assurément ces deux auteurs sont tellement éloignés l'un de l'autre dans leurs contextes scientifiques et culturels respectifs que le rapprochement de leurs écrits peut paraître artificiel. S'il est vrai que les dissertations aristotéliciennes sont essentiellement spéculatives alors que les réflexions de von Baer ont déjà une base d'observation scientifique solide, leur compatibilité peut n'en être considérée à un certain point de vue que plus remarquable. Aristote rapproche des données qui, ayant trait à l'ensemble des espèces vivantes sont donc, de ce fait, d'ordre phylogénique, sans être désignées comme telles, de données qui se rapportent au développement de l'individu dans la forme qu'elle revêt chez l'homme, donc d'ordre ontogénique. Cette démarche a un caractère très moderne, puisqu'elle suggère l'intuition chez cet auteur d'un rapport entre les deux ordres de faits dont la définition, qui obsédera le XIXe siècle, reste encore problématique.

L'embryologie aristotélicienne offre, il est vrai, un fâcheux amalgame, dont on ne voit guère comment il eut pu être évité, entre la reconnaissance des données fondamentales que nous venons d'évoquer, et les problèmes que posaient alors et posèrent encore longtemps, jusqu'à une époque toute récente, la sexualité et la fécondation. Les anciens ignorant la cellule à l'échelle de laquelle la fécondation s'effectue, l'accès à ces questions leur était fermé, ce qui a entraîné une sorte de contamination permanente de leur conception de la génération. Une telle contamination est assurément très gênante pour apprécier la portée de leurs efforts, mais la confusion parfois inextricable qui en résulte ne doit pas empêcher de reconnaître ce que cet amalgame recèle de positif. Chez Aristote se dessinent déjà les données fondamentales qui président au développement embryonnaire en général et prennent une portée particulière à propos de l'embryon humain. L'une de ces données est donc la potentialité spécifique dont l'embryon est pourvu dès son origine, l'oeuf qui précède l'embryon à proprement parler ne devant pas encore être évoqué ici, puisque son universalité – du moins celle d'un certain type d'oeuf encore éloigné du véritable qui sera identifié par la suite – ne sera reconnue que plus d'une vingtaine de siècles plus tard par Harvey, l'autre donnée étant l'acquisition différée par l'embryon de sa représentativité de l'espèce humaine avec les particularités qui la caractérisent.

Il est saisissant qu'Aristote soit parvenu à dégager ces données fondamentales, en prenant davantage appui sur sa conception de "l'âme" exposée dans un autre de ses traités auquel il se réfère explicitement dans celui consacré à la génération, que sur ce qui était alors accessible à l'observation du développement embryonnaire, à laquelle il s'applique néanmoins avec le plus grand soin. Il fait référence par exemple au deuxième livre (736 b) du traité sur la génération des animaux à celui intitulé *De l'âme*, mais au-delà d'un lien explicite tel que celui-ci, les deux traités apparaissent en fait complémentaires. P. Pellegrin n'hésite pas à ranger le traité *De l'âme* au nombre des ouvrages biologiques d'Aristote, parce qu'il n'est pas, dit-il, "ce que nous appellerions un livre de psychologie, mais un traité de biologie générale." En effet, de même qu'Aristote discerne trois principes vitaux présidant aux trois formes de vie distinctes que nous avons évoquées, il propose de voir dans le développement originellement déterminé de l'embryon humain, la succession "d'âmes" correspondant à chacun des trois stades. Le passage du deuxième au troisième stade représente ainsi ipso facto, même si Aristote ne le désigne pas comme tel, le moment critique où l'embryon humain accède à la plénitude de la valeur dont il est potentiellement pourvu dès l'origine. Le terme même de moment, auquel on est contraint d'avoir recours, est révélateur, en impliquant une certaine durée indéfinie, même si celle-ci s'annonce effectivement brève par rapport au temps dans lequel elle s'inscrit, comme le veut ce mot.

La conception du développement embryonnaire exposée par Aristote laissera ainsi la porte ouverte sur ce point à toutes les supputations. D'ores et déjà notons que cette question se heurte à une difficulté de principe : celle d'assigner à l'accomplissement d'un évènement concernant l'esprit une durée déterminée, et donc de le situer dans le courant du développement.

*

*   *

Ce dernier aspect des conceptions d'Aristote sur le développement embryonnaire, bien qu'ayant contribué à lui livrer l'accès des données fondamentales qui président à ce développement, tend à rendre moins perceptible dans son oeuvre l'expression de ces données mêmes. De plus, la plupart des auteurs qui abordèrent ce sujet par la suite, le firent d'un point de vue philosophique et théologique qui les a portés à retenir essentiellement cet aspect de l'oeuvre d'Aristote, au détriment de ce que celle-ci recèle d'essentiel. Aujourd'hui encore la question de savoir si l'embryon a une âme est susceptible d'être évoquée à propos des problèmes éthiques que celle-ci entraîne. Cette question est parfois désignée "animation de l'embryon", expression citée par Littré avec ce sens. A ce propos, il convient d'abord de dissiper le risque d'un malentendu sur le terme "animation" qui reste applicable à l'embryon dans son acception usuelle, en désignant alors l'acquisition par celui-ci de sa mobilité propre. Le risque de confusion entre les deux sens du terme est faible et facile à écarter, mais il faut rester plus attentif à celui d'un amalgame. Quelle que soit la façon de désigner cette question, elle réclame une explication préalable sur le sens du mot "âme" et demeure d'ordre théologique ou idéologique en étant inséparable de celles de l'origine et de la nature de l'âme.

Il n'est donc pas étonnant dans ces conditions que l'embryologie aristotélicienne ait donné lieu à de nombreuses interprétations qui soient plus ou moins divergentes sur le plan philosophique et théologique. De plus, lorsqu'un auteur a été attentif à l'expression des caractères fondamentaux du développement embryonnaire dans l'oeuvre d'Aristote, des prises de position successives de sa part, en particulier quant à la façon de considérer l'embryon en fonction du stade de développement envisagé, sont susceptibles d'apparaître sensiblement différentes suivant le désir que cet auteur a pu avoir à ces divers moments de mettre l'accent sur l'une des données fondamentales qui régissent ce développement. Ph. Caspar a étudié en suivant l'ordre historique ces multiples réflexions dans l'ouvrage déjà cité. Ces études confirment que l'embryologie aristotélicienne à partir de son avènement demeure constamment sous-jacente aux efforts de réflexion qui aboutirent à de multiples nuances plus ou moins clairement définies dans la façon de considérer l'embryon humain sur le plan philosophique et théologique. De toute façon, le plus important est de garder présente à l'esprit la distinction des différents plans sur lesquels l'embryon peut être considéré : le plan biologique, le plan philosophique ou théologique et le plan éthique. Nous verrons bientôt qu'Albert le Grand appliqua pratiquement cette distinction, même s'il ne l'a pas formulée, en révisant et actualisant l'embryologie aristotélicienne.

*

*   *

Indépendamment de ces spéculations, l'héritage aristotélicien est passé pour une grande part au XIIe siècle par Averroès et ses disciples, qui l'ont réduit pratiquement à une apologie de la méthode expérimentale, en ayant tendance dans leur fougue à perdre de vue que la fécondité de l'expérience est subordonnée à l'appréciation juste de ses données initiales et à une interprétation critique des résultats auxquels elle aboutit, les deux relevant du raisonnement. Il en résultera une confusion profonde, non seulement au moment de la Renaissance, qui se référera volontiers, en particulier à Florence, directement à Platon, mais encore au XVIIe siècle où nous verrons paradoxalement Descartes s'opposer aux tenants d'Aristote. Quoi qu'il en soit, un trait capital de nos rapports avec Aristote ne doit pas être perdu de vue : non seulement cet auteur tient une place primordiale, aux deux sens de ce terme, parmi les philosophes de l'Antiquité, quant à leur influence sur notre culture, mais encore il occupe cette place privilégiée en vertu de l'orientation dominante de son oeuvre, qui lui est particulière, c'est-à-dire son orientation de biologiste. Dans l'immédiat, cette influence, qui passe par la persistance à Padoue depuis la fondation de l'Université en 1222, de l'héritage aristotélicien, qu'il soit altéré ou non, nous amène à l'auteur qui, étant issu de cette Université, va rendre à cet héritage son éclat originel et le faire fructifier.

CHAPITRE III

L'APPORT D'ALBERT LE GRAND

Les prémices médiévales de la Renaissance.

Un tournant dans l'évolution de la société chrétienne occidentale se dessine manifestement dans la première moitié du XIIIe siècle. C'est l'apogée de l'art dit gothique, l'époque où les vitraux de Chartres furent mis en place, c'est aussi celle de la fondation en 1222 de l'Université de Padoue dont le rayonnement va illuminer l'Europe. Albert de Lauingen, dit le Grand, et son disciple Thomas d'Aquin*, plus jeune que lui d'une trentaine d'années, ont alors joué un rôle déterminant dans la mise en lumière et la diffusion de l'héritage aristotélicien, contribuant ainsi de façon majeure à son essor renouvelé dont les conséquences ont été considérables sur la civilisation occidentale. Comme l'a dit fort à propos René Huygue en évoquant les racines aristotéliciennes de Léonard de Vinci: « Mais cela c'est la survivance, le maintien de la position médiévale, ou plus exactement de la révolution qui s'était accomplie aux XIIe et XIIIe siècles et dont l'importance fut si immense qu'elle suscita l'art gothique et jeta les vraies bases du monde moderne. Aristote révélé par les Arabes au XIIe siècle, triomphant définitivement au cours du XIIIe siècle, au moment où Saint Albert Le Grand, puis son élève Saint Thomas d'Aquin intègrent puissamment sa pensée dans la doctrine chrétienne,

---

* Lorsque nous nous référons à des auteurs ayant fait l'objet d'une canonisation, il a semblé préférable de ne pas en faire état, que celle-ci soit ancienne ou récente ; pour laisser aux écrits de ces auteurs leur portée propre à l'état pur, sans qu'il n'y ait là aucune intention irrévérencieuse.

suscitera deux grands courants : celui que l'on pourrait appeler des aristotéliciens suivant la lettre, et celui des aristotéliciens suivant l'esprit. » Nous aurons bientôt l'occasion de revenir sur cette dernière dualité évoquée à juste titre par Huygue, retenons seulement maintenant le rôle joué par Albert le Grand et Thomas d'Aquin.

L'un comme l'autre, ils furent avant tout des hommes d'Église, ayant donc donné leur pleine adhésion à l'Évangile qui renferme à lui seul, aux yeux d'un Chrétien, tout ce qui importe vraiment pour l'homme. On peut donc se demander pourquoi ils ont été si attentifs aux propos d'un auteur de l'Antiquité auquel, de ce fait, avait manqué l'essentiel, c'est-à-dire la Révélation, et qui de plus n'avait pas vécu comme les prophètes de l'Ancien Testament dans son espoir et son attente.

Cette question est d'autant plus intéressante qu'elle se pose différemment pour chacun des deux. Le rôle d'initiateur dans cette enquête à travers Aristote revient incontestablement et de façon logique au maître, c'est-à-dire à Albert le Grand qui, d'autre part, fait seul figure de scientifique. Thomas d'Aquin aurait sans aucun doute fait état des écrits d'Aristote dans ses mises au point théologiques, même s'il n'y avait pas été encouragé par l'exemple tout proche et prestigieux de son propre maître. Plusieurs raisons le laissent penser, dont, en premier lieu, la présence très forte en ce temps d'Aristote dans l'héritage culturel de l'Antiquité, présence avivée sous la pression islamique. Huygue attire l'attention à bon escient sur ce point, qui est hautement significatif. Aristote est un des philosophes de l'Antiquité les plus prisés par l'Islam en raison de l'orientation proprement scientifique qui lui est particulière, et cadre mieux avec cette religion qu'un enseignement plus purement philosophique, aux besoins duquel celle-ci entend répondre directement. L'attention portée par l'Islam à Aristote, en tant qu'adepte des sciences de la vie, n'est pas sans quelque parenté avec les progrès de la médecine et même l'essor si remarquable des mathématiques dans le monde arabe au cours des siècles précédents. De plus l'oeuvre d'Aristote, par ce qu'elle contient de caractère scientifique, se présentait comme un recueil de vérités irréfutables qui, en raison de l'absence de leur expression dans le christianisme, pouvaient être récupérées pour lutter contre lui par ses adversaires. La nécessité de montrer la compatibilité des données scientifiques aristotéliciennes avec la doctrine chrétienne devenait ainsi pressante. L'Islam a sans aucun doute joué de cette façon indirectement un rôle dans les origines médiévales de la Renaissance, sans préjudice de sa participation directe par la suite.

L'attrait de Thomas d'Aquin pour l'oeuvre d'Aristote était donc dans une certaine mesure spontané, tout en s'inscrivant dans un courant devenu général à la faveur de ce que l'on serait tenté d'appeler aujourd'hui la propagande islamique. Cependant le crédit particulier accordé par Albert le Grand à Aristote sur le plan scientifique, et la place qu'il lui fait dans ses propos, nous allons préciser ces points essentiels, ont eu une influence certaine et considérable sur Thomas d'Aquin ; et ce, d'autant plus que chez Aristote l'enquête scientifique sur la vie reste, comme on l'a vu, intimement liée à la méditation philosophique, alors que cette méditation sera souvent exploitable pour Thomas d'Aquin. C'est là un trait remarquable en vertu duquel l'embryologie au sens le plus large c'est-à-dire en fait l'étude de la génération, qui tient à présent une place discrète dans nos préoccupations culturelles, est étroitement liée, par celle qu'elle occupe chez Aristote, à l'éclosion et à l'édification de notre culture occidentale. Ce paradoxe mérite de retenir notre attention.

*

* *

Albert le Grand, issu d'une famille illustre, celle des comtes de Bollstaedt, a été attiré de Lauingen en Bavière par l'Université de Padoue, qui vient juste d'être fondée. Il la quittera très vite, y ayant rencontré dès 1223 Jourdain de Saxe, le successeur immédiat de Dominique de Guzman, qui vient à y passer, et qu'il suit dans l'Ordre des Frères Prêcheurs. Par la suite son ministère le conduira à Paris, où son souvenir est resté indélébile et où il sera le maître de Thomas d'Aquin. L'attrait manifeste d'Albert le Grand pour les sciences de la vie s'est-il révélé au cours de son bref séjour à l'Université de Padoue, ou est-ce plutôt cet attrait, inhérent à sa nature, qui l'a incité à venir dans une Université aussi prometteuse pour de telles aspira- tions? Cette dernière façon de concevoir son cheminement est, il faut en convenir, très séduisante. A la faveur de sa rencontre avec un religieux dont le charisme est légendaire autant que la personnalité est distinguée, Jourdain de Saxe, presque un compatriote, tout au moins un germain comme lui, la générosité et l'ardeur de son tempérament l'auront porté avant tout au service de la spiritualité, mais il n'en garde pas moins sa curiosité, ses affinités voire ses passions intellectuelles, si bien qu'en définitive il poursuivra les deux carrières, la religieuse et la scientifique, les menant l'une et l'autre au degré le plus élevé d'accomplissement dans une rare harmonie.

Cet ancien étudiant de l'Université de Padoue fraîchement éclose, mais où les sciences de la nature sont déjà fort en honneur, fera en effet lui-même oeuvre de biologiste dans deux traités : le *De animalibus* et le *Quaestiones super de animalibus*. D'emblée, il montre dans ces ouvrages qu'au XIIIe siècle la génération et, plus spécifiquement, l'Embryologie tiennent toujours dans la biologie la place prépondérante qu'elles avaient déjà dans l'Antiquité ; si bien qu'Albert le Grand peut, de même qu'Aristote, être considéré comme un embryologiste, c'est d'ailleurs l'attitude de tous ceux qui s'intéressent honnêtement à lui. Le second trait qui apparaît aussi évident est sa proximité constante avec Aristote, qui demeure la référence majeure en la matière. L'édition récente des oeuvres d'Albert le Grand par l'Institut de Cologne fait ressortir ce point essentiel. B. Geyer, directeur de l'édition, faisant allusion au chapitre XVI du *De animalibus*, le désigne comme un commentaire du livre II du traité d'Aristote *De la génération des animaux*. D'autre part, un index du *Quaestiones super de animalibus,* établi par E. Filthaut, donne la correspondance chez Aristote de chacun des chapitres de cet ouvrage. Enfin, toujours dans cette même édition, l'ébauche d'un vingtième livre du *De animalibus*, qui provient d'un manuscrit autographe, commence ainsi : « Huc usque de animalium membris et generatione et natura et accidentibus determina sunt, quaecumque a Peripateticis invenimus scripta, Aristotele videlicet, quem praecipue secuti sumus, et Theophrasto et Avicenna. » * On sait que Théophraste a été l'élève le plus proche d'Aristote et son successeur, d'autre part nous verrons bientôt Huygue qualifier Avicenne de "grand introducteur arabe" d'Aristote dans la pensée de son temps. Ainsi les sources d'Albert le Grand se confirment en totalité, ou quasi-totalité, aristotéliciennes, que ce soit de façon directe ou indirecte. Un reflet fidèle de l'immense effort d'analyse et de compilation de ce savant qui est demeuré illustre pour

---

* "Sur la question de la formation des éléments constitutifs des êtres animés par génération, en vertu de leur nature, et selon les influences extérieures, nous nous sommes référés à tous les écrits des péripatéticiens, ceux d'Aristote, qu'à l'évidence nous avons principalement suivi, ainsi qu'à ceux de Théophraste et d'Avicenne."

cette raison même, ne peut être donné ici. De l'embryologie d'Albert le Grand, récemment scrutée par L. Demaitre et A. A. Travill, nous retiendrons seulement deux traits essentiels. Le premier est le rejet formel d'une préformation de l'embryon, avec la reconnaissance de l'épigenèse, son corollaire. Dans l'optique d'une préformation de l'embryon, quelle qu'en soit la modalité, le développement embryologique serait réduit à une croissance initiale de l'être préformé, et l'embryologie à l'étude de cette croissance. Nous avons vu que la conception aristotélicienne du développement embryonnaire s'écartait déjà du principe de la préformation, en proposant celui d'une épigenèse avec une phase végétale suivie d'autres animales. Au XVIIe siècle, la reconnaissance par Harvey de l'universalité d'un certain type d'œuf tendait évidemment à confirmer le bien fondé de cette conception de façon très générale, mais offrit à la théorie de la préformation la possibilité d'un rebondissement avec deux éventualités à envisager : non seulement celle de l'apport par la fécondation d'un être préformé, mais aussi celle d'une préformation dans l'oeuf avant la fécondation. Avant que le principe de l'universalité de l'oeuf ait été reconnu, seule la première éventualité était envisageable, Albert le Grand la rejetant, rejetait alors en même temps dès le XIIIe siècle le principe de la préformation, selon la théorie qui sera ainsi désignée et connaîtra une grande vogue par la suite. Le rejet par Albert le Grand de ce qui sera appelé l'homunculus six siècles plus tard est en effet explicite et catégorique : « Adhuc autem ducunt ad impossibile, quoniam si sperma essent partes omnium membrorum assimilatae cum virtutibus membrorum, tunc sperma esset animal parvum. Hoc autem animal aut habet membra posita convenienter in ordine aut non. Si habet convenienter posita, tunc absque dubio sperma hominis est homo parvus, et sperma cujuslibet animalis est animal parvum ; quod ridiculosum esse videtur » *(*De animalibus*, L. XV, Tr. 2, Cap. 10, p. 1052 Ed. H. Stadler). Cette reconnaissance indirecte mais formelle par Albert le Grand de l'épigenèse, qui peut être considérée comme un postulat aristotelicien implicite, doit être soulignée, puisque, comme nous le verrons, celui-ci sera encore remis en question au XVIIIe siècle !

Le second trait que nous proposons est lié au précédent, mais il est moins démonstratif de la contribution personnelle d'Albert le Grand parce que celle-ci est définie de façon moins catégorique et précise, mais il reste très important en vertu de ses incidences sur d'autres plans que le plan purement embryologique. C'est la supputation du moment où l'embryon humain revêt les caractères qui lui sont spécifiques, ce qui montre non seulement l'adhésion d'Albert le Grand à l'essentiel de la conception aristotélicienne du développement embryonnaire dans ce qu'elle a de juste, mais son approfondissement. Le titre d'un chapitre du *De animalibus* (Livre IX, Tr. II, Chap. 5) consacré à cette question est fort éloquent : « Et est digressio declarans tempus et ordinem quo conceptum formatur in creaturam

*"En outre ces propositions aboutissent à une impossibilité, car si les composants de tous les éléments constitutifs d'un être étaient reproduits dans la semence avec la qualité propre de ces éléments, alors la semence serait un être vivant en réduction. Or de deux choses l'une, ou bien cet être vivant est constitué d'éléments disposés de façon adaptée et ordonnée, ou bien il en est dépourvu. S'il est pourvu de ces éléments bien adaptés, sans nul doute la semence d'un homme est un homme en réduction, et la semence de tout animal est un animal en réduction, proposition que l'on peut tenir pour absurde.

speciei hominis. » *Ce titre montre en effet une prise de conscience avec beaucoup plus de précision que chez Aristote de la façon dont le problème se pose.

Aristote avait déjà noté dans *l'Histoire des animaux* au Livre VII (583 b) que l'expulsion du contenu utérin dans les avortements à partir du quarantième jour de la gestation comportait celle d'un petit embryon bien identifiable. Néanmoins, l'auteur rend compte à ce propos comme d'un fait d'observation générale d'une prétendue différence très importante entre les sexes, qui s'étendrait sur bien d'autres plans dont il est à nouveau question dans les pages suivantes. Surtout, il ne fait état d'aucune reconnaissance de caractères physiques spécifiquement humains ni même de leur recherche alors que, d'autre part, ceux-ci ne sont guère définis, ni dans ce passage, ni ailleurs. Ce dernier point ne saurait nous étonner, non pas qu'Aristote ne soit pas un observateur attentif, il prouve ici même le contraire par ses allusions à certains détails, mais la question de l'acquisition de la spécificité humaine par l'embryon est pour lui avant tout une question d'ordre philosophique, correspondant à la survenue d'une âme "intellective" spécifique de l'espèce humaine, cette survenue n'ayant pas nécessairement une expression physique

Dans ces conditions, Albert le Grand était amené à regrouper toutes les informations disponibles, notamment celles provenant de la littérature médicale, pour tenter d'accéder à une plus grande précision sur le début du développement humain. Le *"Tractatus"* du *De Animalibus* d'Albert le Grand, dans lequel le chapitre qui nous intéresse est placé, est en effet intitulé : « Qui totus est de disputatione Galieni et Aristotelis de principiis

* "Voici une note mettant en lumière le délai et le processus qui, à partir de la conception, aboutissent à la formation d'une créature spécifiquement humaine."

generationis hominis. »[*] Albert le Grand confronte effectivement dans ce chapitre les données fournies par Aristote sur la question, dont nous venons d'évoquer une part essentielle, avec les propositions de la littérature médicale touchant plusieurs points de détail susceptibles de fournir des critères physiques de spécificité humaine chez l'embryon, pour tenter d'atteindre une plus grande précision dans la détermination du moment de la survenue de cette spécificité. Parmi ces critères, figure l'acquisition par l'embryon de sa mobilité propre dont le moment demeurait très controversé, en étant évidemment distinct de celui de la perception par la mère de mouvements foetaux. De cette confrontation, il ressort que l'acquisition des caractères spécifiquement humains est progressive, et qu'elle n'est accomplie qu'au terme d'un délai très appréciable après la conception. Le phénomène de la conception, qui correspond à la fécondation, demeure lui-même évidemment mal défini, mais la reconnaissance d'un délai le séparant de la constitution d'un embryon spécifiquement humain est formelle, cette reconnaissance étant, d'ailleurs, liée à celle du principe de l'épigenèse qui reste informulé. Le moment où l'embryon revêt des caractères spécifiquement humains, qui, au vu de différents indices paraissait devoir se situer globalement dans le courant du second mois, s'affirmait donc relativement précoce par rapport à l'ensemble de la gestation, dont la majeure partie est ainsi dévolue à la maturation de l'embryon et non pas à sa genèse. Au total, l'embryologie d'Albert le Grand représente une forme affinée de l'embryologie aristotélicienne dans ses aspects proprement scientifiques, donc dans ce qu'elle a de meilleur pour un

[*] "Qui est entièrement consacré à la discussion des fondements de la génération de l'homme chez Galien et Aristote."

embryologiste, sinon un théologien, avant que mûrissent les fruits de la Renaissance dans l'université même où cet auteur était passé. L'image d'Albert le Grand qui se dégage de ces textes est donc très éloignée de celle du théologien scolastique, telle que peut éventuellement la suggérer l'iconographie médiévale, et surtout telle qu'il est fréquent de la concevoir. On prête volontiers à Albert le Grand des activités et des propos ésotériques ; il a laissé avant tout le témoignage d'une recherche méticuleuse de la vérité et d'un esprit critique qui parvient à marquer un progrès dans l'approche des problèmes alors posés par la génération.

*

* *

Alors qu'Albert le Grand s'est placé essentiellement sur le plan biologique dans l'étude de l'embryon, de la même manière qu'il a envisagé la zoologie, Thomas d'Aquin est demeuré sur le plan théologique, l'embryologie aristotélicienne étant d'ailleurs favorable à cette attitude, sans chercher à prolonger l'oeuvre de son maître sur le plan biologique. Il déclare d'ailleurs lui-même que le corps n'intéresse le théologien que dans sa relation avec l'âme. (Somme de théologie, 1ère partie, Q. 75. Division du texte). Ainsi, il ne s'attardera pas dans la quête de l'embryon sur l'objet biologique que celui-ci représente, mais l'embryon qui précède l'homme, étant de ce fait impliqué dans la question de l'origine de l'âme, à laquelle tout un passage de la Somme de théologie est consacré (S.T.I, Q. 118), ne peut le laisser indifférent à ce titre. Thomas d'Aquin envisageant les observations et les réflexions aristotéliciennes qui ont trait à l'embryon, d'un point de vue théologique, il suffirait à première vue, étant donné l'orientation de cette étude, de noter seulement que cet auteur a contribué par sa démarche, concurremment à son maître, bien que ce soit de façon moins directe et spécifique, à réactualiser et diffuser en son temps l'embryologie aristotélicienne, s'il n'y avait une autre raison de s'attarder sur lui. En effet il convient d'observer que l'attitude de Thomas d'Aquin offre aussi, comme celle d'Albert le Grand, le précieux exemple de la distinction constante, à propos de l'embryon, des trois plans dont il a déjà été fait état, et plus particulièrement du plan théologique ou philosophique avec le plan éthique, que l'on a souvent tendance à confondre. Cette similitude entre les deux auteurs est d'autant plus éloquente qu'ils se sont en général placés à des points de vue très différents au regard de l'embryon.

Les données biologiques et les prises de position philosophiques concernant l'embryon interviennent assurément sur le plan éthique, mais ce dernier n'en reste pas moins effectivement distinct. Albert le Grand et Thomas d'Aquin seront amenés l'un et l'autre à se placer sur ce dernier plan dans le cadre de l'enseignement scolastique ; leurs attitudes parfaitement concordantes illustrent, cette distinction. Ce plan comportait principalement en leur temps la question de savoir à partir de quel moment l'interruption volontaire du développement de l'embryon au sens le plus large est un homicide, ce qui, de toute évidence, n'implique nullement qu'elle soit autorisée avant qu'elle soit un homicide. Il est de ce fait illusoire de chercher dans Thomas d'Aquin, et les auteurs scolastiques en général, des arguments en faveur d'une autorisation à l'interruption de la grossesse avec les moyens dont on dispose maintenant, jusqu'à ce que soit atteint le moment présumé où cette interruption constituerait un homicide. Des tentatives de recherche d'un assentiment implicite à une telle interruption seraient abusives, de même que celles d'une justification à l'envisager pour des raisons qui, d'autre part, paraîtraient valables ; et ce, d'autant plus que Thomas d'Aquin dans la Somme de théologie , à propos de l'origine de l'âme ne se réfère pas à Albert le Grand, mais seulement à Aristote. En effet, Thomas d'Aquin fait allusion à la survenue de l'âme intellective, succédant chez Aristote à l'âme sensitive, à propos de l'origine de l'âme humaine. On risquerait ainsi, dans une telle tentative, de prêter à Aristote la reconnaissance d'une correspondance étroite, susceptible de fournir des repères précis, entre le développement morphologique de l'embryon et la succession des différentes "âmes" que cet auteur lui attribue. Or rien n'est en faveur d'une telle attitude de la part d'Aristote, en particulier dans la description du contenu utérin expulsé lors d'un avortement, à laquelle il a été fait allusion. S'il est vrai que les réflexions d'Albert le Grand sur le sujet traduisent le désir de préciser le moment où l'embryon est pourvu d'attributs humains, il s'est abstenu lui-même de toute déduction sur le plan éthique à partir de ces réflexions ; et Thomas d'Aquin a, bien entendu, adopté la même attitude.

Sur le plan éthique, Albert le Grand et Thomas d'Aquin prennent simplement appui sur les deux données fondamentales corrélatives du développement embryonnaire qui se dégagent de l'oeuvre d'Aristote, leur attitude s'accordant au demeurant sans difficulté aucune avec leur interprétation théologique de ces mêmes données. La potentialité spécifique de l'embryon humain suffit seule en effet à dicter l'attitude respectueuse qu'il convient d'avoir à son égard, quels que soient le degré de développement qu'il ait atteint et les conditions extérieures dans lesquelles il se trouve. Nous verrons à la fin de cet essai que cette notion de potentialité spécifique de l'embryon proprement dit doit être étendue à l'oeuf qui le précède, en dépit des réserves qui ont été parfois émises à ce sujet. La seconde donnée, c'est-à-dire l'acquisition différée des caractères propres à l'espèce et à l'individu dans le cadre de l'espèce, n'intervient sur le plan éthique selon le degré de développement atteint par l'embryon au moment où celui-ci a été interrompu, que dans l'appréciation de la gravité du délit que constitue, en dehors de certaines circonstances exceptionnelles, un manque de respect de la potentialité spécifique.

Les auteurs scolastiques n'avaient guère besoin d'insister sur les impératifs résultant sur le plan éthique de la potentialité spécifique de l'embryon, alors que la seconde donnée soulevait déjà une difficulté majeure : quand l'avortement provoqué est-il un homicide ? L'adhésion d'Albert le Grand et de Thomas d'Aquin aux conceptions aristotéliciennes du développement embryonnaire et l'interprétation théologique qu'ils étaient amenés à en proposer, impliquaient qu'ils fassent une distinction de principe selon le degré de développement atteint par l'embryon. En fait l'un et l'autre se sont limités à entériner les propositions qu'avait faites à ce sujet Pierre Lombard au siècle précédent dans le Livre IV de ses *Sentences*. Ce dernier auteur, se réclamant d'Augustin et de Jérôme, propose de considérer qu'il y a homicide à proprement parler seulement lorsque l'embryon, étant formé, est pourvu des attributs propres à l'espèce humaine (Distinctio XXXI, Cap 4, p. 445 de la 3e édition du Collège Saint Bonaventure, Rome 1981). Les "commentaires" que firent de ce Livre IV , d'une part Albert le Grand en 1249 selon J. A. Weisheipl, et d'autre part Thomas d'Aquin seulement quelques années plus tard, entre 1252 et 1256, lorsqu'il se trouvait à Paris, montrent leur adhésion à cette proposition.

Au demeurant ils se heurtaient déjà à la difficulté de situer avec quelque précision par rapport à la conception le moment critique de l'acquisition par l'embryon des caractères spécifiquement humains. Albert le Grand en particulier paraît bien avoir eu ce souci dans ses recherches, mais, observant sur ce point une réserve exemplaire, il n'en a pas fait état dans ce sens, peut-être parce qu'il avait aussi présent à l'esprit l'aspect théologique de la question, à savoir que l'attribution d'une âme humaine, fait d'ordre spirituel impossible à situer dans le temps, demeurait ainsi distincte de l'acquisition des caractères morphologiques spécifiquement humains. Les deux théologiens s'en sont donc tenus aux mêmes conclusions sur le plan éthique, bien qu'ailleurs leur regard sur l'embryon ait été d'une façon générale orienté très différemment.

Il serait d'autant plus malvenu de voir dans cette attitude une tendance au laxisme de la part de ces auteurs, qu'ils font état également de la condamnation par Pierre Lombard dans le même ouvrage, au paragraphe précédent, de ceux qui usent des venena sterilitatis. En revanche, rien n'eût été plus préjudiciable à l'expression d'une éthique correcte qu'une qualification inexacte de ce qu'elle considère, hormis certaines exceptions, comme un délit, dont la gravité aurait été ainsi exagérée. Au demeurant, le degré de développement atteint par l'embryon intervient sur le plan éthique de toute façon, indépendamment des options théologiques ou idéologiques, qui ne peuvent s'insérer dans le domaine temporel, ainsi qu'il a déjà été observé à propos des conceptions aristotéliciennes au sujet de "l'âme" de l'embryon. Certes, les prises de position théologiques, ou simplement idéologiques, interviennent dans le prix que l'on attachera à l'embryon humain dans le cadre de sa potentialité, qui prend une portée très grande lorsqu'elle est considérée comme l'expression de la volonté divine, mais il reste que ce qui est potentiel ne peut être considéré de la même façon que ce qui est accompli.

Albert le Grand en tant qu'adepte des sciences de la vie issu de l'Université de Padoue était sans aucun doute déjà spontanément attiré par la question du moment où l'embryon humain revêt les caractères morphologiques qui lui sont propres, les seuls qui puissent alors être décelés ; en tant que théologien, il devait l'être encore davantage, en vertu des incidences philosophiques du phénomène, notamment celles touchant la nature et l'origine de l'âme. Néanmoins dans les textes dont il a été question, il s'abstient d'envisager les conséquences éventuelles sur le plan pragmatique de ses supputations à ce sujet, dans le cas où l'interruption de la gestation serait provoquée ou favorisée. Cet auteur illustre ainsi dès le XIIIe siècle ce que doit être l'attitude d'un biologiste à l'égard des incidences sur le plan éthique des questions auxquelles il est confronté. Seule importe pour lui la quête opiniâtre et méticuleuse de la vérité, qui définit sa démarche en toutes circonstances, afin que les données biologiques, dont il est amené à faire état, soient les plus exactes et les plus claires possible, et puissent ainsi servir à bon escient de repères sur le plan éthique. Ce sera alors à chacun d'utiliser ces repères suivant sa conscience et ses options idéologiques ; de même que ce sera aux législateurs qu'il appartiendra d'ériger les règles qui soient adaptées à la société qu'ils ont mission de gérer, en fonction de ces repères et de leurs propres exigences morales.

CHAPITRE IV

L'EMBRYOLOGIE EMBRYONNAIRE

Léonard deVinci et l'héritage aristotélicien, l'apothéose de Padoue avec la participation de Harvey, l'aube de l'embryologie contemporaine à l'est de l'Europe.

Il pourrait paraître à première vue affecté et même artificiel d'évoquer Léonard de Vinci à propos de l'Embryologie; néanmoins cette discipline est liée à l'anatomie, et bien qu'il ne saurait être question de faire de lui un embryologiste au sens actuel de ce terme, comme il fut indiscutablement un anatomiste pratiquant, l'embryon se profile avec netteté dans le champ de ses préoccupations. C'était pour lui une nécessité d'être un anatomiste, en vertu des liens qui unissent à cette époque l'anatomie et son art favori, la peinture, qui se veut alors essentiellement, le portrait mis à part, l'art de régir une surface, sur laquelle se combinent des projections du corps humain au service de l'expression d'une idée, d'un sentiment, ou simplement d'un épisode historique. Au demeurant, la génération le préoccupait beaucoup, ses dessins de foetus, comme ceux de coït, en témoignent suffisamment. Dans les premiers transparaît bien sa passion pour l'analyse des formes que donne au corps humain, à tous les âges de la vie, la variété infinie des attitudes que celui-ci peut prendre, que ce soit au service de l'expression de la pensée ou du sentiment qui l'habite, ou simplement au gré des circonstances. Dans la position foetale qui le fascine, la circonstance est l'objet même de nos soucis.

Léonard de Vinci fait ainsi figure de pionnier dans la représentation du foetus qui peut être considéré à cette époque comme la seule forme accessible de l'embryon, ce terme étant pris dans son sens le plus large. Avant lui, la représentation de l'embryon est aussi rare qu'approximative, et même la forme la plus caractéristique en est celle d'un petit personnage symbolique qui peut être relié à la paroi de la cavité utérine par un cordon, ainsi que le font remarquer K.B. Roberts et J. D. W. Tomlinson dans leur ouvrage, *The fabric of the body, European Traditions of Anatomical Illustration.*

D'autres raisons, plus profondes, justifient de s'arrêter sur Léonard de Vinci. Ces raisons se dégagent des observations de René Huyghe, qui a montré la place exacte de Léonard parmi les autres maîtres de ce temps et sa particularité, en confrontant les données historiques avec les notes de ses fameux carnets. Huyghe a développé cette exégèse dans la revue *L'amour de l'art* en 1953, alors qu'il était déjà intervenu dans le même sens au Congrès International de l'Art d'Amsterdam ayant précédé la parution de cet article. Il reviendra encore sur ce thème trente ans plus tard, dans la revue *Historia.* Voici l'essentiel de ses observations :

« Comme le Moyen Age, il (Léonard) préfère Aristote. Et Antonin Vallentin, dans son ouvrage excellent sur Vinci, a justement souligné qu'à Florence même il écouta la leçon de ce Johannes Argyropoulos qui, jusqu'en 1471, opposa avec fougue l'aristotélisme au platonisme triomphant. Il se réfère souvent à Aristote ; il montre qu'il en a lu les principaux traités, qu'il a connu Avicenne, son grand introducteur arabe dans la pensée. »

C'est alors que, comme nous l'avons vu, Huyghe distingue les aristotéliciens suivant la lettre et suivant l'esprit, en précisant : « Les premiers s'attachent aveuglément à la leçon du stagirite (magister dixit) et même à celle de ses intermédiaires arabes ; ils aboutiront aux averroïstes, et se dessècheront dans un conservatisme étroit, au point de dresser contre eux, et ainsi contre Aristote, ceux mêmes qui profitaient le mieux de sa leçon sensorialiste et la mettaient en action. Ceux-ci, les aristotéliciens selon l'esprit, vont jusqu'au bout de la revalorisation des sens et de leur constat, ils fondent le dogme de l'expérience, seule source valable de la connaissance, du moins dans l'univers physique. »

C'est évidemment dans la cohorte de ces derniers que se distinguera Léonard de Vinci, et avec quel éclat ! Ainsi Léonard, homme de la Renaissance certes, au point que Vasari le place parmi les trois grands maîtres de ce temps avec Raphaël et Michel-Ange, mais néanmoins en marge de la Renaissance florentine directement rattachée à Platon, fait en réalité la liaison entre le Moyen Age, à la fin duquel s'achevait la maturation du meilleur de la pensée antique, et l'ère scientifique actuelle.

Dans le cadre même de cette liaison, il y a encore une raison plus précise d'évoquer ici Léonard de Vinci, celle de ses rapports personnels avec Padoue, fief de l'averroïsme, mais en même temps le siège de l'héritage aristotélicien authentique. Léonard, lui, tout entier tourné vers l'avenir, saura sans aucun doute retenir, avec intelligence et souplesse, ce qu'il convient de cette fréquentation, c'est-à-dire une exhortation à l'expérimentation certes, mais sous le contrôle de la raison et à son service.

*

* *

C'est précisément dans le rayonnement de Padoue que l'Embryologie proprement dite va naître. Tout d'abord, il ne faut pas négliger ce qui a été fait sur place, en particulier par Gerolamo Fabrizio, en latin Hieronymus Fabricius, dit Fabrice d'Acquapendente, qui était un des élèves, et le plus fondamentaliste, de Gabriel Fallope, son aîné de dix ans. Le maître s'était passionné pour le contenant au point de laisser son nom à l'une de ses parties, l'élève s'attachera davantage au contenu. Les titres de ses deux principaux ouvrages en font foi : le *De formato fetu* publié en 1604 et le *De formatione ovi et pulli tractatus accuratissimus* en 1621, deux ans après sa mort. Il doit néanmoins être dit que, dans cet ouvrage, Fabrice d'Acquapendente s'éloigne de l'épigenèse aristotélicienne en suggérant une certaine forme de préexistence d'origine ovarienne de l'embryon. Ce sont là, en quelque sorte les racines de la version oviste de la théorie de la préformation. Plus tard encore, en 1625, devait être publiée l'observation par cet auteur d'une fécondation survenue à la suite d'un coït « ante portas », fécondation dont la signification, à cette époque, apparaissait ambiguë, et qui a pu ainsi éventuellement contribuer aux prises de position éloignées de la réalité de son élève Harvey sur la question. Cette dernière remarque entend mettre seulement l'accent sur les liens de Harvey avec Padoue, et non sur la méconnaissance du contenu réel de la fécondation par ce génial médecin et biologiste avant la lettre, sur lequel il convient de s'arrêter.

William Harvey publie en 1651 ses *Exercitationes de generatione animalium,* où il proclame son adage justement fameux : « Ex ovo omnia ». S'il n'a pas soupçonné, en dépit des indiscrétions de son maître Fabrice d'Acquapendente, le rôle exact du sperme, il lui reste la gloire immense à laquelle celle, aussi gigantesque, d'avoir découvert, ou redécouvert, la circulation sanguine fait sûrement un peu d'ombre, d'avoir ainsi proclamé l'universalité de l'oeuf, ou tout au moins d'un certain type d'oeuf, qui sera par la suite révisé.

La proclamation de cette universalité n'en est pas moins capitale, puisqu'elle implique la reconnaissance de l'existence constante au début de toute ontogenèse, d'une phase d'embryogenèse, dont l'observation était alors inaccessible, préludant au développement foetal. Harvey, qui fut le premier à recueillir directement des observations sur le développement des mammifères, marque de cette façon une étape sur la voie qui mène à l'embryologie actuelle, dont il désigne ipso facto l'objet précis, bien qu'encore totalement inconnu. Corrélativement, ceci le conduisit à mettre en lumière la notion d'épigenèse, c'est-à-dire l'établissement de formes et de structures nouvelles à partir d'états intermédiaires, ce qui prouve qu'il eut pleinement conscience des conséquences qu'entraînait le postulat auquel il donnait son adhésion, car la réalité, se dérobant encore à toute tentative d'approche directe, ne pouvait alors être appréhendée que sous la forme d'un postulat. Harvey, ignorant le rôle exact du sperme, fut amené, il est vrai, à envisager une conception "préoviste" de cette épigenèse qui aurait été déclenchée, en quelque sorte, par une fécondation immatérielle, avec la possibilité de ce déclenchement par un coït ante portas, il n'en conçut pas moins explicitement le principe reposant sur l'universalité de l'oeuf. Cette unité et cette logique dans la position prise révèlent en lui un authentique visionnaire. Il convient certainement de laisser à Caspar Friedrich Wolff, muni du microscope, sa place de pionnier de l'embryologie contemporaine, mais celle, non moins glorieuse, de devancier revient à William Harvey.

Harvey ayant été l'élève de Fabrice d'Acquapendente, appartient en fait à l'École de Padoue, dont il illustre le rayonnement. en effet après avoir fait ses études à

Cambridge, où il fut reçu bachelier en 1597, il partit pour Padoue, où il demeura jusqu'en 1602, année où il obtint le Doctorat en Médecine de cette université. Il n'est pas indifférent de noter qu'au cours de ce séjour dans cette région de l'Italie, il aurait pu y rencontrer Rubens, qui, venant de quitter l'atelier d'Otto Voenius, allait parfaire vers le même moment l'apprentissage de son art par la contemplation des oeuvres des maîtres vénitiens, alors que les relations entre Padoue et Venise étaient constantes. Une telle convergence est très évocatrice de la place qu'occupe, au lendemain de la Renaissance, l'Italie en Europe dans les sciences comme dans les arts, et aussi du parallélisme, resté encore très étroit à cette époque, de ces deux manifestations de la pensée humaine.

Les diplômes de Doctorat en Médecine l'Université de Padoue stipulaient volontiers qu'il s'agissait non seulement de Médecine, mais aussi de Philosophie. Ceci prouve que l'on n'avait pas encore perdu de vue en ce temps la nécessité d'apprendre l'art de raisonner avec justesse ou simplement de penser, parallèlement à l'effort d'objectivité dans l'observation scientifique. N'y a-t-il pas quelque fondement à regretter que cet art soit tombé en désuétude dans notre société sous l'emprise des sciences expérimentales orientées vers l'action sur la matière, fût-elle vivante ?

Quoi qu'il en soit, cette dualité, sur laquelle insiste J. Pigeaud à juste titre, a bénéficié à Padoue d'une continuité significative. L'oeuvre d'Albert le Grand avait déjà offert un magnifique exemple de cette dualité, comme si elle était marquée de l'empreinte de cette université, en dépit de la brièveté du séjour que cet auteur y fit. À la fin du même siècle, Pierre d'Abano, également issu de cette université, rédigera un ouvrage portant précisément sur la nécessité de concilier la médecine et la philosophie, dont l'édition en 1471 témoigne de l'audience persistante. Il est remarquable que ce soit dans le rayonnement de ce foyer que l'Embryologie ait commencé de poindre au XVIIe siècle, alors que la tradition aristotélicienne y était demeurée toujours vivace.

*

* *

Ce ne sera néanmoins qu'au début du siècle suivant, en 1719, que le terme même d'"embryologie" apparaîtra pour la première fois dans l'ouvrage intitulé *Embryologia, seu doctrina foetus in utero,* de Sigismond Pfeiffer, professeur à l'Université de Szcezin, ville de Pologne, la capitale de la Poméranie occidentale, alors désignée sous la forme germanique de son nom : Stettin. Il est remarquable que le terme « d'embryologie » soit ainsi apparu dans les régions hanséatiques, où un siècle plus tard nous allons voir cette science prendre son essor. Les pays les plus proches à l'est de l'Europe tendent à prendre alors le relais de la Vénétie.

L'utilisation du microscope n'a pas permis en effet à Malpighi d'obtenir entre temps, c'est-à-dire dans la seconde moitié du XVIIe siècle, des résultats aussi brillants dans l'étude de la génération que dans celle des structures tissulaires des organes. Les deux dissertations de cet auteur sur le développement de l'oeuf parues respectivement en 1673 et 1675 restent globalement dans la ligne des travaux de Fabrice d'Acquapendente quant à l'acceptation du principe d'une préformation oviste, encore qu'il tenta d'y introduire quelques nuances.

L'étape suivante, décisive, ne sera franchie que dans la seconde moitié du XVIIIe siècle par Wolff, né à Berlin en 1734, qui a déjà été cité. Von Baer, dont il sera question bientôt, estimait au siècle suivant que les travaux de Wolff étaient « la plus grande pièce maîtresse de l'observation scientifique » que l'on possédait alors. Von Baer, avec la pénétration qui le caractérise, définit ainsi parfaitement à la fois l'importance et la nature de l'apport de Wolff, en mettant l'accent sur l'observation. La thèse de Wolff, parue en 1759, était intitulée *Theoria generationis,* et cet auteur rédigera encore cinq ans plus tard une monographie sous le même titre en allemand, continuant donc d'envisager, comme Harvey et même, bien au-delà dans le passé, Aristote, le problème de la génération dans son ensemble. Dans ce vaste cadre, l'auteur prend position sur le point essentiel de savoir si l'embryon est préformé, ou s'il résulte de la succession de structures et de formes intermédiaires suivant le processus de l'épigenèse, en plaidant ouvertement pour celle-ci. Ainsi que le met en lumière J.-C. Dupont dans son introduction à une nouvelle édition du *De Formatione Intestinorum,* mémoire paru en 1768 et 1769, se situant en fait dans la continuité des travaux précédents, Wolff s'appuie pour la première fois directement sur l'observation du développement de l'embryon de poulet pour prouver définitivement le bien fondé du principe de l'épigenèse, qui avait encore d'ardents détracteurs tels que Haller. Ce faisant, dans le bloc encore informe de la génération, où Harvey avait déjà tracé des repères, Wolff d'un ciseau acéré commence à dégager l'embryon. S'il n'a pas évoqué le concept des feuillets germinatifs, il a néanmoins déjà reconnu une origine membranaire à la sphère digestive, cette reconnaissance pouvant être considérée comme celle d'un premier feuillet.

Le fait que l'épigenèse aristotélicienne, non formulée, soit insérée dans tout un système philosophique de caractère spéculatif, et que, d'autre part, l'épigenèse de Harvey, cette fois bien formulée, ne soit pas totalement délivrée du principe d'une préexistence de provenance oviste, ne doit pas masquer leur parenté, voire leur identité pour l'essentiel, avec celle, scientifiquement établie, de Wolff. Ainsi transparaît une continuité dans les origines de l'embryologie, qui s'étend de l'Antiquité avec Aristote jusqu'au XVIIIe siècle avec Wolff, et même encore au-delà ; néanmoins cette continuité peut paraître artificielle en raison de la réaction déjà signalée de Descartes au XVIIe siècle contre l'influence d'Aristote. Une gravure de l'époque, où l'on voit Descartes foulant du pied un in-folio d'Aristote, illustre concrètement cette opposition, en suggérant un rejet global de l'héritage aristotélicien par cet auteur. Bien que le biologiste ne soit pas chez Descartes à la hauteur du philosophe et du mathématicien, et que ce qui a trait à la biologie dans son oeuvre ne soit pas ce qui contribue le plus à sa gloire, il serait léger de ne pas prendre en considération son attitude, en raison du rôle déterminant qu'il a joué dans l'histoire de la science en général, d'autant plus que le philosophe est ici en cause au même titre que le biologiste. Il serait alors tentant de penser qu'une rupture radicale du courant aristotélicien intéressa l'embryologie naissante comme les autres sciences. L'influence aristotélicienne passant par l'École de Padoue, s'épuiserait alors avec Harvey ; et l'épanouissement de l'Embryologie moderne, dans lequel Wolff tient une place prééminente, s'inscrivant dans l'essor général contemporain des sciences, n'aurait guère réellement de racines remontant au-delà du cartésianisme.

En fait, c'est l'opposition entre Aristote et Descartes qui apparaît artificielle à la lecture de la Sixième Partie du *Discours de la Méthode,* précisément intitulée : « Choses requises pour aller plus avant en la recherche de la Nature ». En réalité, Descartes réprouve vigoureusement les tenants férus d'Aristote au point d'en faire un geôlier de leur pensée propre, en perdant de vue que leur servilité au contenu formel du message aristotélique est en contradiction avec son essence, ce sont les aristotéliciens selon la lettre, que Huyghe distingue si judicieusement des aristotéliciens selon l'esprit. Après que Descartes eut fait cette déclaration prophétique : « Même je remarquais, touchant les expériences, qu'elles sont d'autant plus nécessaires qu'on est plus avancé en connaissance », est-il encore possible de reconnaître en lui un véritable détracteur d'Aristote, étant donné, entre autres textes de ce dernier auteur, celui même que nous avons cité ?

Il serait fort léger dans ces conditions de céder ici comme en d'autres circonstances, aux attraits de l'exaltation complaisante d'une modernité plus illusoire que réelle, qui puiserait ses vertus dans la prise de conscience d'une vérité jusque-là méconnue. En fait, comme à la "Renaissance", ainsi que l'a montré R. Huyghe, il n'y a ni rupture ni révélation, seulement l'expression d'une étape dans la maturation d'une continuité profonde.

CHAPITRE V

LE DÉCRYPTAGE DE L'EMBRYOGENÈSE.

Quand l'embryon se dessine à Königsberg sous les voiles qui l'enveloppent, et suscite les méditations de von Baer.

Une étape décisive a été franchie dans l'histoire de l'embryologie au XIXe siècle, après que les derniers échos des trompettes napoléoniennes, tels qu'ils retentissent dans l'ouverture de Léonore, se furent éteints. Le prestige de l'Université de Königsberg, aujourd'hui Kaliningrad, où planait encore le souvenir glorieux d'Emmanuel Kant, y avait fait converger trois biologistes : Karl Ernst von Baer, Martin Heinrich Rathke et Christian Heinrich Pander. Ils étaient tous les trois d'origine hanséatique et avaient sensiblement le même âge, étant nés dans la dernière décennie du XVIIIe siècle. Von Baer, estonien, venait de l'Université de Dorpat, à présent Tartu ; Rathke en venait aussi, mais après avoir exercé dix ans la médecine à Gdansk, d'où il était originaire ; enfin Pander, né à Riga, était lettonien. Ces auteurs vont être à l'origine de découvertes qui ont trait d'une part aux "feuillets germinatifs" et, d'autre part, aux structures embryonnaires dites "branchiales".

La constitution des feuillets germinatifs représente une étape capitale du passage d'un amas de cellules à un embryon formé, en étant l'expression du processus d'épigenèse qui caractérise le développement embryonnaire. En l'absence de ce processus, le développement embryonnaire ne pourrait être qu'une croissance marquée par son intensité et la richesse de ses modulations, ce qui nécessiterait au départ l'existence de l'homunculus, souvent invoquée dans le passé pour cette raison même. C'est pourquoi également l'existence de ces feuillets est connue d'un public assez large comme un des traits essentiels du développement, tout en restant fréquemment une notion assez obscure, que les termes mêmes de "feuillet germinatif" ne suffisent pas à éclairer en dépit de leur simplicité et de leur caractère suggestif.

Il est pourtant facile d'avoir une vision, certes très approximative, mais assez concrète, de ces feuillets en considérant qu'il existe un moment précoce dans le développement de l'oeuf où celui-ci peut être grossièrement schématisé par un ballon qui en contient deux plus petits laissant libre une grande partie de la cavité du premier. Ces deux derniers ballons sont accolés, leur accolement formant un disque, comme s'ils étaient appuyés l'un contre l'autre en étant peu tendus. Ce disque est donc constitué de deux couches correspondant aux parois respectives des deux ballons. L'ensemble ainsi formé est d'autre part attaché à la face interne de la paroi du premier ballon, sur une zone qui va s'amenuiser rapidement et correspond à celle par laquelle commence l'implantation dans la muqueuse utérine. L'éventuel lecteur initié trouvera peut-être quelque dédommagement à sa patience, s'il veut bien noter que cet ensemble n'a pas reçu de dénomination en dépit de la prodigalité des scientifiques en la matière, ce qui peut ne pas être totalement dénué d'intérêt didactique et même épistémologique. Quoi qu'il en soit, c'est à partir du disque en question que se forme l'embryon, d'où l'expression de "disque embryonnaire", qualifié à ce stade du développement de "didermique", les deux couches du disque représentant dans ce schéma les deux premiers feuillets germinatifs qui correspondent respectivement de façon globale, mais saisissante, aux deux sphères, relationnelle et viscérale, de l'organisme.

Le stade suivant est marqué par l'interposition entre les deux couches précédentes d'une troisième qui a été considérée aussi comme un feuillet et mise sur le même plan que les deux autres, bien qu'elle soit issue de l'une d'elles, et dépourvue de spécificité dans sa répartition ultérieure. Ces particularités affectant cette troisième couche la différencient en fait totalement des deux premières, ce qui n'avait pas échappé à von Baer. Cette troisième couche du disque n'est pas encore totalement mise en place, que, d'autre part, le système nerveux commence à s'individualiser au sein du feuillet initial dont elle émane : c'est la neurulation. Plusieurs aspects de la neurulation furent de ce fait précisés lors de la description des feuillets germinatifs, qui couvre ainsi l'essentiel de l'embryogenèse. D'autre part, la mise en place des structures dites branchiales, qui commence avant même que l'embryogenèse soit achevée, inaugure la morphogenèse et l'organogenèse. C'est dire l'ampleur du champ ainsi exploré et le caractère déterminant des travaux alors poursuivis à Königsberg dans l'approche de l'embryon.

Dans aucun des deux ordres de découvertes, l'histoire n'accorde le premier pas à von Baer, qui n'en occupe pas moins dans le trio une place très importante ; ce qui pourrait suggérer que chez un biologiste, la réflexion dans l'interprétation ait au moins autant de prix que la sagacité dans l'observation. Selon une tradition retenue par Jane M. Oppenheimer, von Baer avait dû céder à Pander son propre projet de recherches sur l'embryon de poulet pour des raisons matérielles, et d'autres auteurs ont d'ailleurs participé à la découverte des feuillets germinatifs. Néanmoins, en raison des deux mémoires de Pander parus en 1817, sa "dissertation inaugurale" et celui qui est intitulé *Beiträge zur Entwickelungsgeschichte des Hühnchens im Eye,* c'est-à-dire *Contributions à l'histoire du développement du poulet dans l'oeuf*, cet auteur a joué un rôle déterminant dans la découverte des feuillets germinatifs. Il reconnaît au tout début du développement de l'oeuf fécondé la constitution d'une couche membraneuse à l'origine de l'embryon, et, comme S. Schmitt le fait remarquer dans son introduction à une réédition critique récente de ces deux mémoires, « le grand mérite de Pander est donc d'avoir reconnu que l'embryon est représenté par la membrane même. » La seconde découverte, celle des structures embryonnaires dites "branchiales", est accordée à Rathke en raison de plusieurs publications, en particulier celles de 1825 et de 1832. Dans les suites de ces deux découvertes, von Baer jouera un rôle capital, mais fort différent dans l'une et l'autre.

*

* *

Dans le premier ordre de découvertes, tout est clair sur le plan historique ; la conjonction des travaux de Pander et de von Baer y apparaît très harmonieuse. Après que Pander eut donné en 1817 un premier aperçu des feuillets germinatifs sur l'embryon de poulet, von Baer s'attachera à montrer leur existence sur l'embryon de mammifère, ce qui le fera considérer comme le fondateur de l'embryologie comparée. La parution en 1827 du mémoire intitulé *De Ovi Mammalium et Hominis Genesi* marque le franchissement par von Baer de la seconde grande étape dans l'histoire de l'embryologie proprement dite : celle de la démonstration du bien fondé du postulat formulé par Harvey au milieu du XVIIe siècle, l'universalité de l'oeuf. À cette occasion, des données adjacentes en quelque sorte, mais d'une importance capitale, sont précisées par von Baer, telles que celles qui ont trait à la formation de la corde, certains aspects de la neurulation, et la formation des cinq vésicules cérébrales primitives. Ainsi, les schémas qui illustrent magnifiquement l'ouvrage principal de von Baer, intitulé *Über Entwickelungsgeschichte der Thiere, Beobachtung und Reflexion* (Königsberg 1828 et 1837), préfigurent déjà largement ceux qui sont actuellement servis aux étudiants en médecine au cours de leur scolarité.

Les travaux de R. Remak ont abouti quelques années plus tard à la conception de l'embryon tridermique, suivant la terminologie classique, c'est-à-dire celle du développement de l'embryon ordonné à partir de trois feuillets germinatifs qui sont individualisés avant que débutent l'organogenèse et la morphogenèse. Cette conception est l'expression d'une systématisation séduisante mais trop rigide et non conforme à la réalité. Von Baer n'a aucune responsabilité dans cette systématisation, puisqu'il avait précisément insisté d'emblée sur deux points essentiels qui s'y trouvent négligés : l'opposition des deux premiers et authentiques "feuillets", l'ectoderme ou ectoblaste et l'endoderme ou entoblaste, et l'hétérogénéité de ce qui, dérivant de l'ectoblaste, a été considéré par la suite en vertu de cette systématisation comme un troisième feuillet. Les découvertes du XXe siècle non seulement s'inscrivent parfaitement dans le cadre tracé par von Baer, mais encore se situent dans la direction qu'il avait esquissée. Ainsi les progrès effectués depuis dans la connaissance du développement embryonnaire ont rectifié la façon de considérer l'étape qui reste importante et significative, où l'embryon est constitué de trois couches superposées ; mais les faits reconnus par la suite ont trouvé facilement place dans le cadre des notions anciennement acquises. La description par divers auteurs dont, en 1947, G.R. de Beer, de l'ectomésenchyme, en témoigne : ce tissu provient des crêtes neurales, alors qu'il tient dans les structures anatomiques une place comparable à celle qu'y occupe celui qui dérive du "troisième feuillet", en offrant les mêmes caractères que ce dernier, dont ils avaient été considérés comme spécifiques. Néanmoins les amendements nécessaires ont pu se faire sans soulever de difficultés profondes, et l'évolution des conceptions, qui devait en résulter, s'accomplir librement. Il n'en sera pas de même pour le second groupe de découvertes qui va être abordé maintenant.

*

*   *

En effet, l'historique de la découverte des structures embryonnaires dites branchiales est loin d'être aussi limpide que celui des précédentes. Les répercussions de la confusion initiale qui a marqué cette découverte se font encore sentir aujourd'hui, après plus d'un siècle et demi, en dépit des progrès effectués dans la connaissance de cette question. Les origines des deux ordres de découvertes s'opposent ainsi, comme leur devenir, de façon très significative.

La thèse de J. Cusset sur les malformations touchant les structures en question, qui parut en 1877, donc cinquante ans après la découverte de ces dernières, renferme à ce propos des renseignements précieux. Cusset cite en particulier la traduction par Breschet de l'essentiel d'une lettre que Rathke écrivit à von Baer. Cette lettre apporte la confirmation que Rathke, ayant observé des stries sur le côté de l'embryon juste en arrière de la tête, les considéra comme de véritables fentes branchiales. Cette interprétation était d'autant plus légitime qu'elle s'inscrivait dans le courant des idées régnant alors.

On s'aperçut très vite que la conception d'un appareil branchial embryonnaire pourvu d'aptitudes fonctionnelles était chimérique. La conception qui parut alors s'imposer naturellement fut celle de la mise en place d'ébauches seulement préparatoires à un tel appareil branchial, dont les structures fonctionnelles demeuraient latentes. Ceci conciliait de façon apparemment satisfaisante l'absence de ces structures fonctionnelles sur l'embryon de mammifère et la relation évidente de ce qui venait d'être observé avec les branchies des vertébrés aquatiques.

Tout laisse penser que von Baer perçut sinon d'emblée, tout au moins après avoir pris un certain recul, qu'il convenait de distinguer la réalité des faits observés de l'interprétation qui paraissait alors s'imposer à leur sujet, en dépit de la pression des apparences. C'est en effet sensiblement à l'époque des observations de Rathke que von Baer formula ses fameuses propositions, dites souvent "lois de von Baer", d'un admirable cartésianisme par leur rigueur, leur prudence, et leur précision. Ces propositions, auxquelles il a déjà été fait allusion à propos d'Aristote, sont parfaitement fondées. Ch. Devillers, qui d'ailleurs s'insurge à juste titre contre l'usage abusif de la référence branchiale, les cite encore dans son *Introduction à l'étude systématique des vertébrés*, ouvrage à visée essentiellement didactique, paru en 1973. Ces propositions font état d'une distinction essentielle dans le développement entre les caractères généraux, qui apparaissent en premier, et les caractères particuliers à l'espèce, ces derniers se mettant en place par la suite de façon progressive.

L'attribution d'une aptitude spécifique des structures embryonnaires dites "branchiales" à donner lieu au développement de branchies lorsque celui-ci n'a pas lieu, est contraire aux propositions de von Baer : puisque cette attribution implique dans cette éventualité, en l'occurrence chez les mammifères et l'homme en particulier, la reconnaissance de la présence latente de caractères spéciaux, les branchies, dans ces structures à un stade où ces dernières n'ont encore manifestement qu'un caractère général.

La divergence de vues sur ce point entre von Baer et Rathke, autour de qui se rassemblèrent la plupart des autres auteurs, apparaît donc certaine ; entraîna-t-elle entre eux une dissension? Des détails historiques tendent à éveiller quelques soupçons sur une telle éventualité. Von Baer a quitté en 1834 Königsberg, où Rathke a été nommé Professeur l'année suivante. Von Baer se rend alors à Saint-Pétersbourg et par la suite délaissera l'embryologie, qui avait été jusque-là l'objet de ses préoccupations, pour se consacrer à d'autres tâches touchant la géologie, l'ethnographie, voire même l'écologie avant la lettre, montrant ainsi l'étendue de sa curiosité. Une chose est certaine, von Baer, ayant lui-même largement contribué à la reconnaissance des structures embryonnaires dites "branchiales", prit en restant sur le plan général ses distances à l'égard de l'interprétation qui paraissait alors s'imposer à leur sujet, à savoir qu'un appareil branchial était ébauché chez l'embryon des mammifères vivant dans l'atmosphère. Cette interprétation, dont le caractère "médiatique" a certainement favorisé la fortune, donna une impulsion déterminante au courant d'idées qui devait aboutir quelques dizaines d'années plus tard à la Théorie de la Récapitulation. Cette théorie, que nous aurons encore l'occasion d'évoquer, connut un grand succès. C'est alors que s'achève la vie de von Baer, revenu à Tartu, la ville de sa jeunesse.

CHAPITRE VI

LE MAINTIEN D'UNE CONCEPTION BOITEUSE DE L'EMBRYOLOGIE CERVICO-FACIALE ET SES CONSÉQUENCES.

Des distinctions contraires à l'expression de l'unité de la morphogenèse faciale et de l'organogenèse. L'occultation des caractères d'une segmentation la rapprochant de celle des invertébrés. Une illustration du rôle du langage dans la science.

La notion d'un appareil branchial embryonnaire chez les mammifères, en particulier chez l'homme, qui avait donc paru s'imposer à l'origine, a persisté, bien qu'elle soit en fait incompatible avec les remarques sur le développement judicieusement formulées par von Baer, peu de temps après la découverte des structures en question. Depuis, cette notion a été, surtout à cause des difficultés de terminologie qu'elle a suscitées et sur lesquelles nous reviendrons, l'objet de discussions au point de paraître aujourd'hui surannée, mais, pour autant, elle n'a jamais été complètement évincée de l'embryologie cervico-faciale, en étant très néfaste à son intelligence. La seule persistance de l'usage international de la référence branchiale en embryologie et en pathologie humaines, fût-ce dans des circonstances limitées, suffit à témoigner de ce fait.

Cette référence paraît se justifier par l'homologie entre les structures embryonnaires en question chez les vertébrés supérieurs terrestres et celles qui précèdent le développement des branchies chez les vertébrés inférieurs aquatiques, en entendant par "homologie" entre des structures embryonnaires d'espèces différentes leur correspondance topographique dans l'embryon, avec une similitude de leurs connexions, et leur identité structurale globale. Ceci ne signifie pas pour autant qu'il faille nécessairement considérer les éléments constitutifs de cet ensemble structural transitoire chez les vertébrés supérieurs terrestres, dans leur organisation et leurs rapports, en fonction du devenir de leurs homologues chez les vertébrés inférieurs aquatiques, comme s'ils étaient spécifiques de cette évolution.

C'est donc en fin de compte ce dernier point qui est déterminant dans la façon d'analyser ces structures, alors qu'étant en lui-même purement théorique, il parait à première vue sans grand intérêt, et, pour tout dire, futile, sinon oiseux. Il s'agit en effet de savoir si ces structures embryonnaires, qui forment fugitivement dans la partie de l'embryon correspondant à la région cervicale, un ensemble nettement individualisé, sont douées d'une potentialité spécifiquement branchiale, ou si elles représentent seulement une disposition générale et transitoire de la partie cervicale de l'embryon commune à tous les vertébrés et susceptible d'aboutir suivant les cas à la mise en place de divers organes, dont les différents types de branchies. La différence entre les deux façons de considérer cet ensemble structural ainsi formulées n'a aucune importance pratique, mais elle n'en a pas moins un retentissement inévitable dans la façon d'analyser sa disposition et son organisation interne, suivant qu'on lui attribue ou pas une finalité étroite. Cet ensemble structural étant caractérisé avant tout par une segmentation, en ce sens qu'il est formé de la succession d'unités de constitution semblable, contiguës mais distinctes*, la façon de considérer ces unités et leurs rapports avec les autres expressions de la segmentation dans l'organisme dépendra de la conception que l'on aura de cet ensemble. De ce fait, elle a des conséquences dans l'analyse de la morphogenèse et de l'organogenèse cervico-faciales qui tiennent d'autre part une place considérable dans le développement de tout l'embryon. Si bien qu'on ne peut accéder à une vue cohérente du développement embryonnaire des vertébrés, en particulier de l'homme, sans avoir une idée juste de ce que l'ensemble des structures embryonnaires en question représente au seuil de la morphogenèse et de l'organogenèse. Il convient donc de justifier et pas seulement par des arguments tirés de l'historique que nous avons évoqué au chapitre précédent, les réserves que nous entendons faire sur la portée de l'homologie de ces structures embryonnaires chez vertébrés terrestres et aquatiques, homologie qui reste au demeurant indiscutable.

*

* *

---

* Le terme de "métamérisation" désigne spécifiquement cette disposition, les lexicographes réservant celui de "segmentation" à la phase initiale du développement de l'oeuf, avec un sens différent. J. J. Pasteels fait ainsi état, par exemple, de la "métamérisation branchiale" (Zoologie III, Pléiade 1972). Néanmoins, la terminologie dérivée du mot "segment" reste séduisante en raison de sa simplicité, de son caractère suggestif et parce qu'elle permet de réserver l'autre à l'expression généralisée et typique du phénomène, ayant son maximum le long du grand axe de l'embryon.

D'emblée, l'homologie s'affirme en zoologie comme un concept d'ordre purement structural, laissant la possibilité d'orientations fonctionnelles différentes pour des structures homologues. Corrélativement, les zoologistes envisagent la possibilité de structures assurant la même fonction chez des espèces différentes sans être pour autant structuralement homologues, en réservant à cette éventualité le terme "d'analogie". Ch. Devillers donne, dans l'ouvrage déjà cité, un exemple classique de cette dernière éventualité, celui des ailes des insectes et des oiseaux. Il convient donc bien en général de dissocier la notion d'homologie et celle de fonction. De ce fait la conception d'une détermination de la spécificité fonctionnelle d'un ensemble structural embryonnaire dès le début du développement ne saurait prendre appui sur son homologie avec ceux dont l'évolution aboutit à la mise en place des structures assurant cette fonction.

Une exception à la dissociation entre homologie et fonction vient encore en confirmer le bien fondé en vertu de son mécanisme même : lorsqu'une particularité structurale est spécifique de la fonction assurée par la structure qui la porte, et que cette particularité peut être considérée à la fois comme un marqueur de cette fonction et de la structure. Ce peut être le cas notamment lorsque les structures envisagées se réduisent à une combinaison très restreinte et monomorphe de tissus dont l'un est à la fois caractéristique des structures en question et l'agent d'une fonction spécifique de ces structures. Si cette fonction est exercée par ces structures dans les espèces paraissant les moins évoluées, la particularité structurale propre au tissu assurant cette fonction doit être retrouvée dans des structures comparables chez d'autres espèces paraissant plus évoluées, même s'il n'y a plus lieu que cette fonction s'exerce, pour qu'elles puissent être considérées à coup sûr comme homologues de celles qui assurent la fonction chez les espèces le paraissant moins, si non un doute peut persister. Un tel doute peut même jouer en faveur d'origines embryologiques différentes suivant la présence ou non de la particularité recherchée, si cette éventualité est déjà soupçonnée pour d'autres raisons à propos du tissu étudié, en dépit de sa participation à des structures apparemment homologues.

Une recherche fondamentale importante, a été menée par J.-L. Fischer et coll. suivant ce principe sur l'équipement enzymatique de l'épithélium bordant la lumière du sac vitellin des vertébrés. Le tissu tapissant l'intérieur du sac vitellin des oeufs d'oiseaux comme le poulet, contenant les réserves nécessaires à leur développement, est en effet équipé d'une enzyme caractéristique et relativement facile à identifier, nécessaire à l'utilisation de ces réserves par l'embryon. Une variation dans l'origine de cet épithélium a d'autre part été évoquée suivant les espèces, l'enzyme étant alors susceptible de manquer dans l'une des éventualités envisagées. Si tel est le cas, le tissu où l'enzyme est absente n'est pas homologue de celui qui en est muni, en dépit de la similitude de la disposition des deux tissus dans l'embryon. La recherche de J.-L. Fisher et coll., en éveillant fortement les soupçons sur un exemple caractéristique de fausse homologie possible chez les vertébrés, prend une portée générale, et elle est d'autre part susceptible d'apporter des données utiles dans l'interprétation de la dynamique des gènes au cours du développement.

Ces travaux, témoignant de la possibilité d'une relation complexe entre homologie et fonction, devaient d'autant plus être mentionnés ici que nous prenons appui sur la dissociation classique entre les deux ordres de faits ; toutefois ils n'ont pas d'incidence directe dans le cas particulier qui nous occupe, puisqu'il ne peut y avoir de marque tissulaire qui soit spécifique de la forme branchiale de la fonction de l'oxygénation sanguine dans les structures qui précèdent le développement des branchies mêmes. De toute façon, s'il est vrai que l'homologie entre des structures témoigne d'une relation entre elles dans le cadre de l'Évolution, il reste que c'est la nature de cette relation suivant les processus de l'Évolution dont l'homologie seule ne rend pas compte, qui importe ici.

*

* *

Le bien fondé ou non de la référence branchiale à propos des structures en question dépend donc des processus mis en oeuvre dans l'Évolution, en entendant par "Évolution" simplement le déploiement de l'éventail phylogénique et en faisant ainsi abstraction des problèmes que celui-ci pose dans ses rapports avec le temps et l'environnement. Ces processus se situent à l'échelle moléculaire, en relevant de la génétique dont la pénétration récente a permis à François Jacob d'attirer l'attention sur ce qu'il appelle "le bricolage de l'évolution" dans *La Souris, la Mouche et l'Homme*. Ce phénomène consiste globalement dans la réutilisation de structures à des fins nouvelles moyennant leur adaptation à ces fins, avec un remodelage des formes résultant lui-même d'un bricolage génique.

Au cas où les structures cervico-faciales en question devraient être considérées simplement comme le résultat du bricolage évolutif en quelque sorte direct de l'appareil branchial des vertébrés aquatiques, la référence branchiale pourrait demeurer justifiée à leur propos en dépit des objections vues précédemment. Il y a précisément dans la sphère cervico-faciale un exemple remarquable d'un tel bricolage de l'Évolution. C'est celui de la transposition de l'articulation de la mâchoire des reptiles dans l'oreille moyenne des vertébrés supérieurs pour la transmission des sons, transposition que Ch. Devillers s'est attaché à mettre en lumière. Cet exemple est saisissant par le fait que l'articulation de la mâchoire adaptée à sa fonction chez les reptiles, se trouve remplacée par une articulation néoformée permettant les mouvements complexes de mastication, alors que l'articulation primitive est réutilisée à la transmission des vibrations, à laquelle elle reste parfaitement adaptée. Ce qui peut être considéré comme un bricolage en raison d'un réemploi de structures, n'a toutefois rien de commun, en vertu de sa perfection, avec un bricolage au sens habituel du terme, tel qu'il peut être réalisé par l'homme. On remarquera au passage que, bien qu'il y ait conservation en vertu de leur homologie structurale des propriétés fonctionnelles des tissus concernés, armature pour les os, mobilité pour leur articulation, la fonction de l'ensemble dans l'organisme change totalement avec sa transposition. Il y a donc ici une illustration de la dissociation entre homologie et fonction sur laquelle nous avons déjà insisté. Néanmoins, la relation entre les osselets de l'oreille moyenne des mammifères et la mâchoire des reptiles justifie ainsi pleinement de se référer à cette dernière à leur propos.

Tout autre est la relation dans l'Évolution entre les structures cervico-faciales des mammifères et l'appareil branchial des vertébrés aquatiques envisagé dans son ensemble. Celles-ci ne représentent pas un réemploi à d'autres fins de structures spécifiquement branchiales, comme la reconnaissance du principe de cette spécificité l'impliquerait, mais, outre que ces dernières constituent déjà en fait un ensemble complexe dévolu à des fonctions multiples, il s'agit d'un développement orienté différemment à partir de la même disposition originelle segmentaire. Ici encore, il y a bien un "bricolage de l'évolution", mais d'un autre type et à un stade plus précoce du processus du développement. Il s'agit d'un "bricolage moléculaire", selon l'expression de François Jacob, portant sur les gènes de régulation, dits homeogènes, qui régissent la segmentation en la modulant, et déterminent en quelque sorte le plan de l'organisme. Le terme de "bricolage" peut toujours être appliqué en raison de la constitution chimique des gènes à travers la phylogenèse, réalisant, selon l'expression même de F. Jacob, une sorte de "meccano" dont les pièces sont susceptibles d'être réemployées. Cette modalité du "bricolage évolutif" ne justifie pas comme la précédente, la référence à la différenciation la moins évoluée pour celle qui l'est davantage, donc la référence branchiale pour les structures cervico-faciales des mammifères. Le bricolage n'a pas lieu à ce niveau mais à celui de la segmentation dans laquelle l'appareil branchial peut s'inscrire, mais non obligatoirement, comme le prouve le cas de l'amphioxus.

*

* *

Rappelons seulement ici qu'il s'agit d'un animal marin en forme de fer de lance, long de quelques centimètres, vivant dans la vase des littoraux tels que celui de la Bretagne. Cet animal a été très étudié en raison de son accessibilité, de ses particularités et de la place qu'il occupe dans la phylogenèse, ou, plus simplement, qu'il semble convenir de lui attribuer dans le catalogue des espèces animales. Il est en effet pourvu seulement d'une simple armature axiale dite "corde" (ou chorde), homologue de celle qui fournit les éléments autour desquels se développe la colonne vertébrale chez les vertébrés proprement dits. De ce fait, il est permis de voir dans l'organisation de cet animal une préfiguration de celle des vertébrés. Il est de plus le représentant typique d'une catégorie d'animaux ne comportant qu'un nombre très restreint d'espèces, chez lesquelles la corde est disposée de façon telle que leur agencement se rapproche le plus de celui des vertébrés, parmi tous ceux qui sont munis seulement d'une telle corde. Ces animaux sont dits "céphalocordés", dénomination pour le moins paradoxale, puisque, comme le fait remarquer Devillers, ils n'ont pas à proprement parler de tête. Ce paradoxe s'explique par la nécessité de situer la disposition de la corde chez ces animaux par rapport à celle que l'on observe dans une autre catégorie plus éloignée des vertébrés, mais il n'en est pas moins regrettable. En effet, cette désignation tend ainsi à masquer une caractéristique essentielle de la constitution de cet animal, qui est précisément très importante pour la question qui nous occupe, comme nous allons le voir. C'est déjà là un exemple du rôle du langage dans les sciences descriptives sur lequel nous aurons l'occasion de revenir.

L'Amphioxus est muni d'un appareil branchial fonctionnel bien développé, mais complètement dépourvu de tout l'appareillage locomoteur segmenté en rapport avec le système nerveux et la paroi, qui est toujours lié à l'appareil branchial des vertébrés, quelle qu'en soit la variété. De ce fait, cet ensemble structural segmenté a été considéré comme faisant partie intégrante de l'appareil branchial des vertébrés aquatiques, et comme une caractéristique de cet organe, d'autant plus que les fentes pharyngiennes latérales, liées à l'expression sur la paroi de la segmentation en question, sont appelées à jouer un rôle essentiel dans son fonctionnement. Les branchies de l'Amphioxus n'ont donc pas cette disposition, elles baignent en effet dans une cavité péribranchiale dénuée d'ouvertures latérales et communiquant avec le milieu extérieur seulement par un pore situé sur la ligne ventrale. Les différences avec l'appareil branchial des vertébrés sont ainsi telles que l'homologie entre l'appareil branchial de l'amphioxus et celui des vertébrés a pu être discutée ; ces différences touchent en effet de façon importante les connexions des deux types d'appareil avec les autres éléments constitutifs des organismes auxquels ces appareils appartiennent respectivement, de même qu'avec l'environnement, alors que l'identité de ces connexions est un des critères de l'homologie. Néanmoins, des arguments très forts continuent de plaider en faveur de l'homologie, alors que sa mise en question oblige à envisager une analogie qui paraît encore plus problématique. Ces arguments sont principalement la disposition générale comparable des appareils dans les deux types d'organismes, disposition évocatrice d'une même zone pharyngienne, et surtout leur organisation structurale intime identique.

De toute façon, la disposition chez les deux types d'animaux aboutit à la constitution d'une sorte de pharynx muni de branchies, ce qui prouve, comme nous l'avons fait remarquer avec Jean-Philippe Onolfo et Jacques Patrick Barbet, que cette constitution n'est pas nécessairement liée à la mise en place de la segmentation qui est considérée comme caractéristique de l'appareil branchial. Le fait que le développement branchial proprement dit ne soit donc pas nécessairement lié à la mise en place de l'organisation segmentaire dite branchiale, peut être considéré comme le corollaire en quelque sorte d'une absence de spécificité branchiale de cette organisation et des structures qui en sont l'objet.

De plus, les structures segmentées qui accompagnent l'appareil branchial des vertébrés sont intimement liées à leur développement céphalique, en particulier facial, il suffit d'évoquer seulement la mâchoire à ce propos, et c'est là que l'absence de développement céphalique caractéristique de l'Amphioxus, dont la désignation de la catégorie à laquelle il appartient ne tient pas compte, retient l'attention. L'absence parallèle du développement céphalique et des structures segmentaires considérées comme branchiales chez l'Amphioxus, alors que cet animal offre néanmoins un appareil branchial très développé, suggère pour le moins que ces structures segmentaires, bien qu'elles intéressent le développement branchial des vertébrés, n'en sont nullement spécifiques, mais qu'elles relèvent en fait du développement céphalique au sens le plus large.

Il est donc au total très malvenu de désigner par leur devenir fonctionnel chez des espèces aquatiques des structures homologues chez des espèces terrestres qui ont évolué différemment, comme on le fait par l'usage du terme de "branchial" à leur propos. Surtout, il est abusif de considérer les structures embryonnaires homologues de celles qui aboutissent à la constitution de branchies en fonction de ce type de différenciation lorsque celle-ci n'a pas lieu.

*

* *

Il est impossible d'entrer dans un exposé, même succinct, du développement cervico-facial de l'embryon dans un essai tel que celui-ci, pour montrer les conséquences de l'usage abusif de la référence branchiale, aussi nous nous efforcerons seulement d'attirer l'attention du lecteur non initié à ces questions sur quelques points qui l'aideront à saisir le bricolage auquel les embryologistes se sont eux-mêmes condamnés par le maintien implicite de la conception originelle de ces structures embryonnaires, à savoir qu'elles sont l'expression d'une potentialité branchiale spécifique, conception dont nous venons de voir à l'instant qu'elle est dénuée de fondement en dépit des apparences.

Les structures dites branchiales des vertébrés ont donc une disposition segmentaire, c'est-à-dire qu'elles forment une succession d'unités semblables, appelées "arcs branchiaux" en raison de leur forme. Ces arcs embrassent en effet les parties moyenne et inférieure de chaque côté de la partie cervico-céphalique de l'embryon en se rejoignant au milieu de la région ventrale ; ils forment ainsi transitoirement une succession de légères saillies séparées de dépressions étroites donnant l'impression de fentes sur le côté de la partie de l'embryon qui correspond à la région cervicale.

Les branchies étant un organe assurant l'oxygénation sanguine en milieu aquatique, la composante vasculaire y tient de ce fait une place essentielle. La composante vasculaire initiale de l'arc branchial est donc censée revêtir une importance capitale dans l'optique d'une potentialité branchiale spécifique de l'unité segmentaire que l'arc branchial représente. Cette composante vasculaire, qui est de type artériel, étant "l'arc aortique", le concept d'arc branchial est ainsi devenu indissociable de celui d'arc aortique. En 1886, le chirurgien É. Quénu notait soigneusement dans sa thèse, et l'on discerne à la lecture que c'est avec un certain étonnement, que His avait observé que l'arc aortique du troisième arc branchial apparaissait seulement après la constitution de ce dernier, ce qui n'est pas au demeurant sans intérêt. Soulignons au passage que les arcs aortiques participent à la formation des troncs artériels les plus importants de l'organisme, tels que l'aorte ou les troncs artériels assurant l'irrigation de la tête, destinations qui cadrent mal avec la conception de résidus d'un organe abortif et désuet, ce qu'ils seraient dans une optique spécifiquement branchiale de ces structures.

Le principe d'une correspondance étroite et systématique entre l'arc artériel et l'arc branchial, favorisée par leur concordance morphologique, continue de reposer en fait sur celui de leur potentialité branchiale commune, même si celle-ci est maintenant discutée. Au XIXe siècle, l'attribution à ces structures chez les vertébrés supérieurs terrestres d'une potentialité branchiale qui n'aboutissait pas parut s'imposer, et conduisit à la formulation de la Théorie de la récapitulation par Haeckel. Cette théorie est ainsi historiquement liée à la reconnaissance des structures dites "branchiales" chez l'embryon des vertébrés supérieurs terrestres, et il n'est pratiquement jamais question dans la littérature de l'une sans qu'il le soit aussi de l'autre. Suivant cette théorie, chaque individu d'une espèce donnée récapitulerait globalement au cours de son développement particulier, ou "ontogenèse", l'évolution de l'ensemble des espèces, ou "phylogenèse", jusqu'au niveau où la sienne est censée se situer dans l'échelle des êtres vivants. Cette théorie eut le mérite de représenter la première tentative de synthèse des rapports entre l'ontogenèse et la phylogenèse qui n'a pas cessé depuis d'être l'objet de controverses.

On remarquera que cette théorie implique le principe d'une échelle phylogénique dans le cadre de l'Évolution conçue de ce fait même de manière assez systématique. Tout cela s'inscrivait parfaitement dans le courant des idées sur l'Évolution à cette époque, nous n'entrerons pas dans la discussion d'une telle conception de l'Évolution dont s'éloigne actuellement la communauté scientifique en raison des objections qu'elle soulève ; deux ouvrages ayant eu une large audience internationale de M. Denton en ont même fait récemment le procès. De toute façon, la Théorie de la Récapitulation a fait l'objet de critiques. G. R. de

Beer en particulier a montré que la confrontation des données fournies par l'ontogenèse et la phylogenèse ne pouvait s'accomoder d'une conception ainsi définie de leurs rapports. L'essai de G. R. de Beer en langue anglaise, paru en 1929 sous le titre *Embryos and Ancestors*, qui a fait l'objet d'une traduction en français par J. Rostand, marque une étape dans l'étude de la question ; il est impossible d'ignorer au moins certaines des objections que cet auteur y émet. Plus récemment, d'autres auteurs, dont P. Wintrebert en particulier, se plaçant à l'échelle des synthèses moléculaires dans la cellule, ont repris la Théorie de la récapitulation. Il est aisé de percevoir que Wintrebert est guidé dans cette démarche par les conceptions philosophiques qui ont motivé Haeckel de façon patente. Même en faisant abstraction de ce dernier point qui risque de fausser la question, il reste de toute manière qu'au moins certaines des objections de G. R. de Beer demeurent fondées pour ce qui a trait au développement morphologique de l'oeuf. Il serait illusoire de vouloir prendre appui sur la Théorie de la récapitulation, serait-elle encore défendable sur un plan très général à certains points de vue, dans l'analyse du développement embryonnaire.

Bien que la Théorie de la récapitulation ait été discutée en tant que théorie, la prééminence déterminante de l'arc aortique dans l'arc branchial, n'a pas été remise en question, en paraissant relever de l'observation pure, en vertu d'une concordance globale entre ces deux formations, alors qu'en fait l'observation a été menée dans l'esprit de cette théorie avant que celle-ci ait été formulée. Il est remarquable sur le plan épistémologique que la discussion admise pour une théorie, ait été exclue à propos de ce qui, en réalité lui est lié.

De plus, un autre argument d'ordre purement conceptuel vient à l'appui de la mise en doute de la correspondance systématique entre l'arc aortique et l'unité segmentaire dite branchiale. Il doit être souligné que, si ces arguments eussent trouvé naturellement place dans une publication scientifique, quelle qu'elle soit, au temps de Descartes, ce n'est plus le cas actuellement pour les publications scientifiques au sens strict, c'est-à-dire faisant état d'observations nouvelles. Ceci est riche de signification sur le plan de l'évolution épistémologique. Comme c'est encore possible dans le cadre d'un essai, il est d'autant plus opportun d'en profiter. Ce nouvel argument a trait au phénomène de la segmentation en général dans le règne animal, alors que l'organisation embryonnaire dite branchiale revêt ce caractère segmentaire. Le phénomène de la segmentation qui affecte aussi des invertébrés n'est pas nécessairement lié à la vascularisation. Il y a donc une difficulté de principe à subordonner ce type de disposition à la vascularisation lorsque cette dernière existe, comme dans l'organisation embryonnaire dite branchiale.

En dépit de ces objections, il a été retenu que le premier arc branchial devait nécessairement correspondre au premier arc aortique dont la situation dans la disposition générale du réseau artériel de l'embryon est bien définie, et un arc branchial en avant de celui qui correspond au premier arc aortique n'a pas été envisagé. Pourtant le paléontologue E. A. Stensiö a repéré des arcs antérieurs à celui qui correspond au premier arc branchial sur des vertébrés fossiles dits "céphalaspides" dont le corps se limite globalement à la sphère régie par l'organisation branchiale, ce qui est très évocateur de l'importance primordiale et de la signification profonde de cette organisation. Le fait de ne pas avoir admis qu'il pouvait y avoir au moins une ébauche d'arc branchial en avant de celui correspondant au premier arc aortique a entraîné une confusion dans la façon de concevoir l'embryologie cervico-faciale, et un découpage artificiel dans la morphogenèse faciale qui nuit à la perception de son harmonie et de son unité.

Les mâchoires dérivent de formations embryologiques initiales ou "bourgeons" qui participent d'une part à la constitution de la face, et de l'autre se situent à l'extrémité craniale de la succession des arcs branchiaux. La mâchoire inférieure dépendant manifestement du premier arc branchial qui correspond au premier arc aortique, la méconnaissance de tout arc branchial antérieur à cet arc, dût-il être incomplet, conduit à y voir deux "expansions" dont dériveraient respectivement les deux mâchoires, la supérieure et l'inférieure. Les rapports de ces deux dernières formations avec le premier arc branchial proprement dit demeurent très flous : le bourgeon maxillaire inférieur, censé le prolonger, s'identifie pratiquement avec lui, et l'axe du supérieur qui est censé faire avec lui un angle aigu, lui est en fait parallèle. De fait, certains auteurs rattachent le bourgeon maxillaire supérieur au bourgeon fronto-nasal d'autant plus volontiers qu'il entre avec ce dernier dans la constitution du "massif facial". Sans être vraiment satisfaisant, ceci pourrait être négligé, mais l'ignorance de l'individualité segmentaire du bourgeon maxillaire supérieur, en particulier celle de son squelette, dont l'identification complète a été retardée pour cette raison même, a été préjudiciable à la compréhension de la morphogenèse faciale et de sa constitution.

En effet, chaque "arc branchial" est caractérisé par une composante squelettique offrant la particularité remarquable d'avoir une préfiguration de nature cartilagineuse bien individualisée dont l'origine embryologique est spécifique. Il s'agit d'une préfiguration distincte, ayant son devenir propre, et non pas uniquement d'un stade évolutif initial du squelette définitif. Ce n'est pas seulement le cas du squelette des formations dérivant de chacun des bourgeons maxillaires, mais aussi de celui de la région orbito-nasale, où il y a également une préfiguration cartilagineuse transitoire du squelette dite "capsule nasale". Trois parties du même ordre, constitutives de la face proprement dite, se dessinent ainsi clairement à l'origine : les deux formant le massif facial et celle de la mâchoire, chacune des trois ayant son squelette cartilagineux transitoire primitif du même type. La systématisation nerveuse sensitive des trois branches du nerf trijumeau reflète cette disposition originellement tripartite. La conception d'un seul arc branchial entrant dans la constitution des bourgeons faciaux parce qu'il correspond au premier arc aortique escamote cette réalité.

*

* *

Un escamotage comparable s'est produit au-delà de la sphère cervico-faciale pour l'organogenèse en particulier pulmonaire. Le principe erroné de la spécificité branchiale de cette organisation cervico-faciale portait à en exclure l'appareil pulmonaire en dépit du paradoxe que représente une telle exclusion. En effet, comme nous l'avons déjà fait remarquer dans une revue spécialisée, il était pour le moins paradoxal de considérer un ensemble structural en fonction de son aptitude au développement de l'organe de l'oxygénation en milieu aquatique, et d'en exclure en vertu de cette aptitude l'organe ayant la même fonction en milieu atmosphérique, alors que les deux sont irrigués par des artères qui appartiennent à cet ensemble et ont la même disposition originelle, puisque les artères pulmonaires dérivent des arcs aortiques. Il est vrai que des auteurs comme A. Brachet, dès la première moitié du siècle précédent, puis quelques années plus tard plus ouvertement C.H. Hjortsjö se sont efforcés de redresser cette conception erronée, qui au demeurant n'a guère de conséquences pratiques, mais va de pair avec l'ignorance de la portée réelle de cette organisation embryonnaire cervico-faciale. C'est en effet le fait que l'organe assurant l'oxygénation, quelle qu'en soit la forme en rapport avec le milieu dans lequel elle s'accomplit, dépende de cette organisation segmentaire particulière, qui importe. Cette relation témoigne du caractère primordial de l'organisation dite branchiale, ce qui est confirmé par les données de la paléontologie, certains vertébrés fossiles étant limités à cette sphère qui peut assurer ainsi toutes les fonctions nécessaires au métabolisme. Corrélativement la segmentation, qui affecte cette organisation, offre des caractères primitifs évocateurs de sa signification ; là encore, l'optique branchiale dans laquelle cette organisation segmentaire a été considérée, contribue à masquer ces caractères.

Le plus évident de ces caractères est, comme nous l'avons vu, la constitution transitoire d'un squelette cartilagineux distinct qui n'est pas directement préparatoire au squelette osseux définitif, au moins dans sa majeure partie, alors que le tissu cartilagineux représente une texture plus primitive des éléments squelettiques que le tissu osseux. Moins évident mais aussi significatif est le fait que la segmentation dite branchiale intéresse initialement la totalité du corps de l'embryon, là où elle s'exprime, s'étendant alors de la paroi limitant la lumière pharyngienne aux téguments. Ce faisant, elle intéresse à la fois de façon directe au moins fugitivement, mais l'essentiel est qu'elle le fasse, les dérivés immédiats des deux premiers tissus germinatifs : l'ectoblaste au-dehors et l'entoblaste bordant la lumière du pharynx embryonnaire. Or Romer oppose à juste titre la segmentation des invertébrés allant des téguments à l'intestin, à celle des vertébrés se limitant à l'appareil locomoteur, c'est-à-dire les muscles et le squelette avec les éléments qui les relient. Ainsi la segmentation dite branchiale offre des traits communs avec la segmentation des invertébrés, et, bien que ce soit de façon fugitive et partielle, ceci, s'accordant avec le trait précédent déjà en faveur de son caractère primitif, réclame d'autant plus d'attention. La segmentation dite branchiale est ainsi susceptible de faire figure d'un type de segmentation intermédiaire entre ceux qui sont offerts respectivement par les vertébrés et les invertébrés.

*

* *

Ce dernier point doit évidemment être confronté à la classification du règne animal telle qu'elle est globalement admise. On sait que cette classification peut être présentée sous la forme d'un arbre généalogique du règne animal dans le cadre de la Théorie de l'Évolution. Il a déjà été fait allusion aux contestations dont cette théorie est l'objet ; mais il ne faut pas perdre de vue que le commentaire qu'en fait Bergson au premier chapitre de l'*Évolution créatrice* garde toute sa valeur, si l'on évite les méprises que certains aspects de sa formulation peuvent induire. Il convient d'en retenir que la possibilité d'une classification des espèces à partir de leurs caractères structuraux et morphologiques, alors qu'elles sont constituées d'autre part de cellules semblables, implique ipso facto l'existence d'un lien originel entre elles, donc d'un certain type d'évolution quelles qu'en aient été les modalités. De fait, certaines conceptions de l'Evolution peuvent être périmées, mais le phénomène conçu de la façon la plus large en tant que lien originel entre les espèces reste indiscutable.

Dans cette optique l'arbre généalogique du règne animal de L. Cuénot repris par Andrée Tétry garde toute sa pertinence, d'autant plus que ce dernier auteur précise bien que cette représentation ne tient pas compte du temps. Cet arbre est caractérisé par la bifurcation du tronc près de sa base en deux branches. La bifurcation correspond à l'individualisation d'un tube digestif et d'un système nerveux avec deux possibilités dans leurs situations l'un par rapport à l'autre, suivant le grand axe de l'animal. Une branche représente les espèces où le système nerveux est dorsal par rapport au tube digestif, ce sont les épineuriens dont les vertébrés font partie, l'autre branche représente les hyponeuriens où les positions respectives de ces éléments sont inversées, les insectes se situant au sommet de cette dernière branche. La segmentation dite branchiale, portant sur la partie cervico-céphalique de l'embryon située au-dessous du système nerveux central, est de ce fait subordonnée de façon certainement significative à la disposition épineurienne.

Nous retrouvons au bas de la branche des épineuriens les animaux qui sont seulement munis d'une corde comme l'Amphioxus. Ainsi la segmentation dite branchiale étant appliquée à la région pharyngienne munie de branchies, comparable à celle que présentent les céphalocordés, caractérise les vertébrés dont elle a sans doute favorisé l'essor. Romer a noté que la constitution de la sphère dite branchiale caractérisait le vertébré plus encore que celle de la colonne vertébrale même. La segmentation dite branchiale dans la région cervico-céphalique caractérisant ainsi le vertébré au même titre que celle qui intéresse la colonne vertébrale en ayant un caractère plus général, les questions de son origine et de ses rapports avec cette dernière se posent avec d'autant plus d'acuité.

L'attribution d'une finalité branchiale à cette segmentation impliquait de voir son origine dans le développement de ce type d'organe alors que l'exemple fourni par l'Amphioxus n'est pas favorable à une telle origine. Il faut noter à ce propos que les zoologistes sont obligés d'admettre dans le cadre de la "métamérisation branchiale", selon leurs propres termes, parmi les arcs branchiaux reconnus comme tels, l'existence d'arcs "prébranchiaux" qui ne sont pas porteurs de branchies. Surtout, les travaux récents ont montré que cette segmentation et celle qui s'étend à l'ensemble de l'embryon étaient régies par les mêmes gènes, ce qui confirme leur étroite liaison et suggère de voir en celles-ci deux expressions du même processus. De plus, un de ces gènes intervient à la fois dans l'organisation des sphères olfactive et visuelle dans la zone susceptible de représenter au pôle céphalique un ultime segment intégré dans la segmentation cervico-céphalique. Quels que puissent avoir été à l'origine les rapports entre la segmentation dite branchiale et le développement des branchies, il est au moins certain qu'elle déborde le cadre du développement de ce type d'organe, et, en étant liée à la constitution du pôle céphalique, elle se présente comme le noeud de l'organisation des vertébrés.

L'impression d'un hiatus entre les vertébrés et les invertébrés a retenu l'attention de Cuvier, confronté à l'énigme posée par les ressorts du déploiement de l'éventail phylogénique, alors que ce dernier se dessinait avec plus de précision à la faveur de ses recherches en anatomie comparée et en paléontologie, disciplines dont il est considéré comme le fondateur. Il est donc vraisemblable que ceci ait contribué à son refus du transformisme. Plus récemment, M. Foucault, se référant précisément à Cuvier, a encore évoqué ce point, qui est un de ceux sur lesquels il prend appui pour mener une analyse subtile de la combinaison des continuités et des discontinuités qu'offre la nature.

Il ne faut pas perdre de vue à ce propos que la constitution d'un axe squelettique vertébral représente un caractère structural, et non pas d'emblée morphologique. Il est logique que les liens susceptibles d'exister entre les deux types d'organismes résident dans les processus qui aboutissent à leur constitution structurale, sans que ceux-ci aient nécessairement une expression sur le plan de leurs caractéristiques morphologiques, dans la genèse desquelles d'autres facteurs peuvent intervenir, en particulier ceux qui relèvent de l'adaptation à l'environnement. Or le processus de segmentation se manifeste constamment chez le vertébré, en y ayant son expression maximale dans la région axiale et son voisinage, où il intéresse précisément l'axe vertébral ; ce processus avec des modalités d'expression différentes s'observe aussi de façon étendue chez les invertébrés en apparaissant ainsi commun aux deux catégories d'organismes. Il est donc satisfaisant que, s'il doit y avoir une relation entre les deux types d'organismes, ce soit dans les caractères de la segmentation et les modalités de son application que celle-ci réside. La segmentation dite branchiale qui a initialement des traits communs avec celle des invertébrés s'ébauchant ainsi chez le vertébré au niveau du pharynx embryonnaire est susceptible de correspondre à cette relation.

*

*   *

La conception du développement cervico-facial, dont nous venons de voir les conséquences néfastes dans les approches de l'embryologie faciale, de l'organogenèse respiratoire et de la phylogenèse, entraîna d'autre part – ce qui est révélateur – des divergences entre les auteurs dans le choix de la terminologie à appliquer aux structures concernées dès les années qui suivirent leur découverte, ce qui nous ramène à l'historique de la question. En effet, seule, la constitution d'un appareil branchial pourvu d'aptitudes fonctionnelles eût pleinement justifié la référence branchiale.

Reichert proposa le qualificatif de "viscéral" pour désigner les structures embryonnaires en question ; par la suite, les auteurs s'occupant comme lui d'embryologie et d'anatomie comparées ont utilisé cette dernière désignation, afin de réserver à bon escient le terme de "branchial" aux cas où il se forme réellement des branchies. Le terme de "viscéral" paraît justifié par la finalité de l'ensemble structural concerné, mais certains composants de cet ensemble n'en sont pas moins en contact direct avec l'environnement et soumis à la volonté, ce qui les distingue des composants proprement viscéraux, et représente en fait une participation somatique ; le terme de "viscéral", qui fait plus ouvertement abstraction des caractères somatiques de ces composants que celui de "branchial", risque ainsi de masquer encore davantage cet aspect fondamental de l'ensemble concerné, alors que la référence branchiale, seulement voilée, reste en fait sous-jacente.

D'autre part, le terme de "viscéral" s'applique à bien d'autres éléments qui se situent en dehors de l'ensemble en question, alors que ces éléments tiennent précisément une place considérable en médecine. Le besoin se fit donc sentir chez les médecins d'un autre terme qui focalisât mieux l'objet désigné : celui de "pharyngien" eut, selon Cusset, l'agrément de Rathke lui-même, qui avait eu une activité de clinicien. Or cette focalisation n'est qu'apparemment satisfaisante, et se révèle trop étroite à un examen attentif, alors que le pharynx ayant un caractère totalement viscéral, les inconvénients signalés à ce propos persistent. Ce dernier terme a gardé la faveur des auteurs relevant de la littérature médicale à visée fondamentale, c'est-à-dire essentiellement des médecins embryologistes ; néanmoins, en raison de son manque de spécificité, les auteurs traitant des malformations touchant les structures en question ont préféré conserver comme Cusset la référence branchiale. Ce louvoiement perpétuel entre les trois terminologies persiste encore actuellement dans la littérature ; ce n'est pas seulement fâcheux en soi, ainsi que nous allons le voir.

*

* *

Les désignations choisies lors de la découverte d'éléments appartenant à un ensemble ou une série dont les autres composants restent méconnus, ont une importance capitale, parce qu'elles dicteront, avec tout ce que cette contrainte comporte d'incidences sur le plan conceptuel, celles qu'il conviendra d'appliquer aux objets des découvertes ultérieures dans le même domaine. Cette contrainte est paradoxalement d'autant plus forte que le temps écoulé entre les découvertes est plus long, car les premières désignations étant plus anciennes sont, de ce fait, ancrées dans les habitudes, et se trouvent alors, comme on dit, "consacrées par l'usage". Certaines rébellions qui se produisent dans le milieu scientifique à l'égard de terminologies très usuelles, peuvent être l'expression d'une réaction contre ce processus ; lorsqu'elles sont le fait de personnalités isolées, fussent-elles influentes, elles demeurent la plupart du temps vaines, et même lorsqu'elles sont celui de groupes plus puissants, tels que les sociétés savantes internationales, elles n'ont encore souvent qu'une efficacité relative et différée.

Notons à ce propos qu'il est plus aisé de changer une unité de mesure qu'une désignation : l'insertion de la première dans la pratique par l'étalonnage des appareils de mesure et les contingences administratives l'impose rapidement ; alors que la seconde restant dans le domaine conceptuel est plus résistante, car elle se trouve disséminée dans la multitude des microcosmes constituant autant de refuges, dont chaque usager représente une unité. Toute correction éventuellement opportune est rendue d'autant plus difficile que la désignation initiale demeure toujours justifiée d'un certain point de vue : celui sous lequel le phénomène a été initialement observé. Une telle désignation n'est pas pour autant nécessairement la mieux adaptée pour caractériser ce phénomène, tel qu'il se révèle une fois plus profondément exploré. La sémantique s'avère ainsi n'être pas seulement un outil au service de la science, elle en fait partie intégrante et joue par la suite un rôle dans son évolution, en s'imposant aux successeurs de ceux qui l'ont promue.

Toutefois là n'est pas le plus important, car cette contrainte n'est pas absolue et peut être abolie. Si une terminologie initialement instaurée se révèle gênante à cause de l'imperfection de son adaptation à l'objet qu'elle désigne, d'autres terminologies disponibles et suffisamment plausibles lui seront préférées et auront tendance à la supplanter plus ou moins. Bien que cela puisse paraître à première vue paradoxal, c'est surtout dans cette conjoncture que le langage est susceptible de jouer un rôle important dans la science.

*

*   *

Envisageons en effet l'éventualité suivante. Une terminologie a été introduite pour désigner un certain ordre de faits, en fonction du point de vue à partir duquel ces faits, en eux-mêmes rigoureusement exacts, ont été observés. Ce point de vue, en partie justifié puisqu'il a suscité, ou suggéré, voire seulement facilité cette observation féconde, comportait une erreur dans l'hypothèse sur laquelle il prenait appui. Dans un premier temps, l'observation des faits en question tendra à valider globalement l'hypothèse défectueuse. Ce n'est que plus tard, à l'usage, que la terminologie introduite initialement se révèlera mal adaptée pour rendre compte du résultat de l'exploration plus profonde des faits observés. Une autre terminologie sera donc substituée à celle qui a été initialement utilisée, surtout si parallèlement à ces difficultés pratiques, l'hypothèse originelle tend à être délaissée pour d'autres raisons.

Néanmoins la signification profonde des faits observés au départ, n'est pas pour autant élucidée, après que l'hypothèse initiale eut été abandonnée. La nouvelle terminologie, ou les nouvelles terminologies, et cette pluralité éventuelle est en elle-même très significative, qui seront utilisées, auront été adoptées en fonction de critères restant immédiatement disponibles dans la caractérisation des faits en question : elles seront fatalement moins spécifiques de ces faits, et tendront ainsi à dissimuler le vide laissé par l'abandon de l'hypothèse initiale. La substitution de ces nouvelles terminologies à l'ancienne efface sans aucun doute l'expression de l'erreur commise, mais elle efface aussi celle de la question à laquelle cette erreur prétendait répondre, et qui se pose plus que jamais, bien qu'elle soit ainsi devenue latente. L'escamotage de fait du problème est plus néfaste que la solution imparfaite, mais susceptible d'être corrigée, qui avait été avancée. En effet, l'imperfection de cette solution, en raison même des difficultés qu'elle entraînait, était plus aisément décelable, et, de ce fait susceptible d'être amendée, que le devient la dissimulation du problème lui-même. La substitution des termes de "viscéral" ou de "pharyngien" à celui de "branchial" est l'exemple typique d'un tel phénomène.

Ce phénomène peut-être considéré à la fois comme une modalité particulière et une démonstration de celui, plus général, qui a déjà été dénoncé autrefois par Francis Bacon, à savoir que « la vérité émerge plus facilement de l'erreur que de la confusion ». Ce sont les termes mêmes employés par la traductrice de T. S. Kuhn qui cite cette sentence dans *La structure des révolutions scientifiques,* l'auteur la qualifiant à bon escient de « profonde maxime méthodologique ».

Ainsi le langage est dans la science à la fois le reflet de son histoire, mais aussi, bien que ce soit moins évident, l'instrument de l'action de cette histoire sur la science. Nous touchons ici au coeur des rapports entre l'histoire d'une science et cette science même, c'est notre préoccupation initiale, qui reste ainsi l'objet de nos soucis, et non pas une digression futile. Il est d'autant plus opportun d'attirer l'attention sur le rôle du langage dans les sciences biologiques, où la part de la description est souvent considérable, qu'il semble en être rarement l'objet.

*

*   *

Les rapports entre le langage et la philosophie ont fait depuis l'Antiquité l'objet d'une constante méditation, à chaque instant suscitée par leur étroitesse. Valéry fut plus que tout autre, peut-être, hanté par cette question, et le lecteur assiste à travers ses *Cahiers*, au dialogue intérieur si souvent repris à ce sujet entre le poète et le penseur. Cette étroitesse est telle qu'elle lui permit de décocher la flèche pénétrante de sa fameuse proposition qui fait un peu figure de boutade : « La Philosophie est une affaire de forme ». Les commentaires qu'il en fit ne laissent aucun doute sur la profondeur qu'il entendait atteindre. Les rapports, moins patents, qui existent aussi entre le langage et les sciences – ou plutôt les autres sciences – n'ont pas bénéficié en général de la même attention, sauf paradoxalement, de façon récente, ceux qui touchent les mathématiques. Même les mathématiques n'échappent pas en effet à cette condition universelle des activités de l'esprit, en dépit du développement de leurs moyens d'expression propres, à tel point que ces derniers paraissent à un contact superficiel et grossier s'identifier à elles. Un mathématicien, D. Nordon, a livré une étude des rapports entre les mathématiques et le langage dans un essai intitulé *Les mathématiques pures n'existent pas !* où d'emblée nous relevons cette remarque : « . . . même quand il est au coeur de l'activité mathématique la plus abstraite, quelque chose rattache le mathématicien aux autres hommes, quelque chose dont nul ne peut se passer : les mots. » D. Nordon ne se contente pas de rappeler cette vérité essentielle, clef de bien d'autres, et va au-delà de cette constatation, en envisageant en détail les rapports qui existent entre le langage courant et les mathématiques, en particulier les rapports entre l'acception mathématique d'un terme d'un usage d'autre part très courant et son acception, avec ses variantes, au cours de ce dernier usage.

Sans prétendre envisager ici de façon exhaustive les rapports qui existent entre le langage et la biologie, nous avons souhaité seulement attirer l'attention sur quelques-uns de leurs aspects, dont deux ont été déjà envisagés : les conséquences de l'instauration d'une terminologie, et surtout les dangers des substitutions qui lui sont faites si elle se révèle mal adaptée. Il en est un troisième qui paraît devoir être évoqué en vertu de son intérêt épistémologique, et dont les structures embryologiques qui nous occupent sont encore susceptibles de fournir une illustration: à savoir qu'une désignation peut refléter des aspects très importants de l'objet qu'elle désigne, au point de paraître justifiée, d'autant plus que ces aspects retiennent d'emblée l'attention, et n'en être pas moins une source d'erreur parce qu'elle est inadaptée à l'usage qu'elle doit assurer, en raison du fait qu'elle ne reflète pas d'autres aspects latents mais en rapport avec l'essence même de cet objet.

*

* *

Les fentes latérales complètes ou seulement ébauchées, qui sont alors réduites à l'état de sillons séparant deux arcs branchiaux contigus, sont manifestement liées à la segmentation dite branchiale, dont elles peuvent être considérées comme l'expression négative. Bien que ces fentes ne soient pas indispensables à la respiration branchiale, comme le prouve le cas de l'Amphioxus, l'adaptation de cette organisation au développement et au fonctionnement des organes assurant l'oxygénation dans le milieu aquatique, qui tient une place si importante sur le plan phylogénique, c'est-à-dire celui du déploiement des espèces dans la biosphère, peut avoir été une condition favorable essentielle à l'essor des vertébrés. Le fait que l'essor des vertébrés pourrait ainsi être lié à l'application de cette segmentation sur l'appareil branchial confère à cette application une importance telle qu'elle pourrait tendre à justifier que l'appareil branchial ainsi segmenté des vertébrés aquatiques serve de référence pour les structures embryonnaires homologues des vertébrés supérieurs terrestres.

Et ce n'est pas tout : le paradoxe physiologique étonnant que représente l'existence d'un carrefour où s'entremêlent les voies respiratoires et digestives, susceptible ainsi de devenir la source de troubles, peut être considéré comme l'expression révélatrice de la persistance d'un trait caractéristique du pharynx branchial dont la lumière unique est constamment remplie par le milieu aquatique à travers lequel se font tous les apports et tous les échanges en particulier gazeux. En milieu atmosphérique, l'air devant occuper de façon permanente et exclusive les voies respiratoires, une adaptation du pharynx et des structures adjacentes est nécessaire pour que sa lumière qui reste unique puisse assurer aussi le passage du transit digestif lorsque celui-ci a lieu. On ne peut qu'être frappé par le fait que cette disposition devenue paradoxale réalise chez l'homme avec l'instauration de la station verticale des conditions physiques éminemment propices, sinon nécessaires, au développement du langage articulé. L'ensemble des structures concernées, répondant initialement à des besoins seulement végétatifs, est ainsi impliqué en vertu de l'Évolution dans des fonctions de relation plus complexes, auxquelles il s'adapte suivant un processus de « bricolage », selon le terme proposé par François Jacob. Toutefois, comme nous l'avons déjà observé, et plus encore ici, ce terme désigne une extension et une nouvelle orientation de l'emploi de structures grâce à leur adaptation parfaite à des conditions différentes, le terme étant débarrassé de tout ce qu'il pourrait suggérer de restrictif et d'humain.

Ainsi la référence au pharynx branchial à propos des structures homologues des espèces plus évoluées, ayant l'avantage d'attirer l'attention sur certains de leurs traits les plus importants et même de les éclairer, pourrait se justifier, mais une objection majeure à l'utiliser prévaut toujours, à savoir qu'elle est, comme nous l'avons vu, une source pratiquement inévitable d'erreur, parce qu'elle est inadaptée à l'usage qui en est fait nécessairement. **N'est-ce-pas ici un aspect particulièrement éloquent des rapports entre le langage et la science, obligeant à reconnaître, pour la validité d'un terme scientifique, la primauté de l'adaptation à la fonction qu'il est destiné à assumer dans le discours concernant l'objet qu'il désigne, sur le reflet qu'il peut donner de traits d'une portée considérable touchant cet objet même ?** Cette constatation est importante sur le plan épistémologique, en étant celle de l'asservissement de la science au langage, non seulement pour sa pérennité et sa diffusion, mais aussi dans sa relation avec son objet.

Certes, les conséquences scientifiques de l'usage persistant d'une sémantique inadaptée sont atténuées par les progrès réalisés à la faveur de l'application de techniques nouvelles. En embryologie cervico-faciale, les travaux effectués à l'aide de ces techniques ont été orientés dans trois directions : d'abord la mise en évidence d'une segmentation para-axiale latente dans le territoire céphalique, en continuité avec celle qui est manifeste dans le reste du corps et caractérise le vertébré, ensuite la répartition des éléments issus de cette segmentation para-axiale dans la segmentation branchiale, enfin l'étude des gènes du développement régissant ces deux sphères, qui a pris récemment un essor considérable et dans le détail de laquelle il est impossible d'entrer ici. Nous rappellerons seulement que les gènes hox, appartenant au type des homéogènes, interviennent sur la répartition des éléments issus de la segmentation para-axiale, qu'ils régissent, dans la segmentation dite branchiale.

Les travaux effectués dans la première direction ont été réalisés par St. Meier, en appliquant les techniques de la microscopie électronique à balayage sur le même matériel que celui qui avait servi jadis à Wolff et à Pander. Les travaux dans la seconde direction ont été menés par D. M. Noden en appliquant une méthode expérimentale introduite par Nicole Le Douarin. Cette dernière méthode consiste à pratiquer des hétérogreffes embryonnaires, c'est-à-dire à greffer sur un embryon des tissus provenant d'un embryon d'une autre espèce, le devenir du greffon pouvant être suivi par des particularités visibles en microscopie optique des cellules qui en dérivent. Le couplage utilisé est celui du poulet et de la caille dont les cellules ont des noyaux offrant des particularités repérables. La fécondité de cette méthode fait de son introduction un des évènements les plus marquants de l'embryologie contemporaine.

Grâce à ces auteurs, la quasi-totalité des détails de l'intrication des deux expressions de la segmentation est à présent déchiffrée. Néanmoins ce que nous avons tenté de mettre en lumière reste d'actualité en permettant d'accéder à une vue plus cohérente sur les stades intermédiaires du développement de cette partie prééminente de l'embryon, avec une meilleure intégration de ceux-ci dans l'ensemble du développement embryonnaire, dont l'unité profonde est ainsi restituée. D. M. Noden faisant en 1984 le bilan des travaux dans lesquels il venait de prendre une part déterminante, concluait que seule l'ébauche de fentes dans la paroi cervicale latérale restait inexpliquée sans évoquer la possibilité qu'elles puissent simplement s'inscrire dans l'expression passive de la segmentation dite branchiale, continuant vraisemblablement d'y voir une expression, sinon une finalité, spécifique.

De leur côté, les chirurgiens maxillo-faciaux considèrent à juste titre que le trait essentiel et caractéristique des malformations congénitales dites branchiales est de représenter en vertu de leur disposition et de leur nature le résidu ou la trace d'une communication latérale entre la lumière pharyngée et l'extérieur, ce qui est en effet la marque de leur relation avec les ébauches transitoires de fentes pharyngiennes latérales. Ces fentes n'ayant elles-mêmes au plus qu'un rapport indirect, très variable, et en quelque sorte occasionnel, avec les différentes formes de branchies chez les espèces qui sont pourvues de ce type d'organe, les malformations qui dérivent éventuellement des ébauches correspondant à ces fentes chez l'homme n'ont pratiquement aucun rapport réel avec un tel organe, en dépit de la terminologie qui leur est appliquée.

Isidore Geoffroy Saint-Hilaire, dont il va être question bientôt, le fils du fameux Étienne, était fort avisé d'attacher de l'importance à la terminologie en raison de la portée et de la persistance de ses résonances conceptuelles. La façon restrictive de voir à l'origine ces ébauches de fentes n'a pas seulement entraîné l'usage d'une terminologie génératrice de malentendus et même d'erreurs, elle a empêché d'y reconnaître l'expression initiale, fugitive mais révélatrice, de l'architecture basale des vertébrés qui représente le nœud de leur organisation, donc de celle, en particulier, de l'homme.

CHAPITRE VII

EMBRYOLOGIE ET TÉRATOLOGIE

La rencontre de deux soeurs élevées séparément.

L'histoire des rapports entre l'embryologie et la tératologie est particulièrement révélatrice sur le plan épistémologique. Les domaines explorés par les deux sciences sont demeurés étrangers l'un à l'autre jusqu'au XIXe siècle, bien qu'ils se situent tous les deux au coeur même de la question de la génération. Ces deux sciences se sont ainsi constituées indépendamment l'une de l'autre en dépit de l'étroitesse de leurs liens, et se présentent ainsi à leurs origines de façons totalement distinctes.

Ainsi, les problèmes biologiques ne sont pas envisagés en fonction de la place qu'ils occupent dans l'ensemble du système où l'homme est inclus, mais de la façon dont ils se présentent à lui à l'intérieur de ce système. Le compartimentage de la science en différentes disciplines, avec la prolifération des sémantiques qui en résulte, est la conséquence de cet asservissement, dans la mesure où il est dû à la diversité des moyens techniques auxquels l'homme est contraint d'avoir recours pour appréhender les mêmes phénomènes à des échelles différentes par rapport à lui. La séparation des cheminements suivis par l'Embryologie et la Tératologie apporte une illustration saisissante du fait capital, souvent perdu de vue par les scientifiques eux-mêmes, qu'en réalité, la science demeure beaucoup plus près de l'homme, dont elle émane, que de l'objet qu'elle poursuit. L'efficacité des applications que l'homme tire de ses observations et de ses cogitations n'est pas une preuve absolue de la profondeur ni même de la totale justesse de ces dernières. Rendons hommage aux théoriciens de la physique qui reconnaissent qu'il est encore plus difficile d'appréhender l'essence intime de la matière que de la manipuler, les biologistes n'ont pas toujours la même lucidité à propos de la vie.

Sans s'attarder aux interprétations anthropomorphiques de rencontres paléontologiques, qui ont contribué à l'essor de la mythologie et dont les traces persistent encore dans la terminologie de la Tératologie contemporaine – des données topographiques consignées dans l'Antiquité apportent quasiment la certitude que ce fut en effet le cas pour les cyclopes – il reste que depuis l'Antiquité la plus reculée, l'existence de monstruosités réelles s'imposa au regard de l'homme en excitant son imagination autant, et peut-être plus, que sa curiosité.

Plusieurs raisons expliquent cette attirance. Tout d'abord, les malformations importantes, plus ou moins monstrueuses, s'offraient comme un aspect, intriguant par sa diversité et parfois son caractère suggestif de formes animales éloignées de l'homme, de l'énigme la plus fascinante qui se posait alors, celle de la génération. D'autre part, la monstruosité réelle avait la vertu en raison de son caractère insolite, de servir de justification autant que de base aux conceptions imaginaires dans lesquelles l'humanité se complait volontiers ; vraisemblablement parce qu'elles peuvent apparaître comme une expression de l'autonomie de l'esprit à l'égard des données sensorielles qu'il reçoit. Des monstres imaginaires ont ainsi été mêlés à des malformations monstrueuses authentiques, avec lesquelles ils conservaient quelque parenté.

Un tel mélange de réalités et de mythes est, soit dit en passant, un exemple caractéristique du fait que l'humanité préfère au mensonge seul, le mélange de la vérité et du mensonge, peut-être parce qu'il permet d'entretenir plus facilement l'illusion d'une plus grande crédibilité en vertu de sa vraisemblance apparente. Ceci n'est certainement pas étranger au succès de certaines oeuvres littéraires, et c'est une occasion de rappeler que tout mensonge partiel n'étant plus considéré par rapport à son objet mais en lui-même, est un mensonge total. Paul Valéry a noté très justement dans ses *Cahiers* que « Le mélange de vrai et de faux est énormément plus toxique que le faux pur. » C'est dire combien il est pernicieux d'accepter un tel compromis, surtout à propos d'un sujet qui a des incidences dans l'approche de la réalité ; et l'on est pour le moins perplexe de voir cette démarche parfois adoptée par des auteurs prétendant ne pas renoncer pour autant à tout objectif scientifique.

Les textes des auteurs ayant abordé la question des malformations non seulement dans l'Antiquité et au Moyen Âge, mais encore à la Renaissance, voire au XVIIe siècle, trahissent cette complaisance pour le romanesque. Même en laissant de côté les textes littéraires, en particulier poétiques, où l'imagination se montre la plus débridée, il suffit pour être convaincu de ce fait de lire ce qu'a écrit par exemple Ambroise Paré au XVIe siècle sur ce sujet, en dépit de la rigueur et du pragmatisme de ses aspirations. Il reste que pour ces dernières raisons l'ouvrage d'A. Paré intitulé *Des monstres et prodiges* marque une étape dans l'étude des malformations, mais, comme le suggère d'emblée ce titre même, il reste en continuité avec ceux de ses prédécesseurs, en particulier les *Histoires prodigieuses* de P. Boaistuau qui servent elles-mêmes de relais à des auteurs plus anciens. Une analyse approfondie de ces sources et de l'usage que Paré en fit, ainsi que l'évolution qui s'ensuivit, a été menée par J. Céard dans un essai intitulé *La nature et les prodiges, l'insolite au XVIe siècle.*

*
*   *

A ce propos, la démarche scientifique d'Ambroise Paré, qui transparaît clairement à travers ses écrits, en particulier ceux qui ont trait à la tératologie, est caractéristique de son temps, alors qu'une grande pauvreté règne toujours dans les moyens d'investigation et d'expérimentation. Il n'y a pas encore eu en effet, depuis l'Antiquité, compte tenu des progrès de la dissection, de modifications profondes de ce point de vue ; celles-ci commenceront bientôt à poindre en physique et en astronomie avec Galilée, mais en biologie il faudra les attendre plus longtemps. Le "biologiste" de fait qu'est Paré, cette étiquette n'existant pas encore, doit dans ce dénuement s'évertuer à tirer parti de tout ce dont il peut disposer. Il est ainsi porté en vue de pallier la pauvreté de son expérience personnelle, à prêter la plus grande attention aux observations des autres, même si elles sont anciennes, et si elles ont été recueillies dans des circonstances ou des intentions qui les rendent suspectes ; heureux est-il encore de pouvoir les confronter avec les siennes, lorsqu'il a eu l'occasion d'en réunir quelques-unes. Cet état de choses est particulièrement marqué dans un domaine comme la tératologie qui recouvre une multitude de phénomènes très variés dont chacun est plus ou moins rare.

La probité intellectuelle dans la quête de la vérité, dont elle est la condition première et indispensable, allant obligatoirement de pair avec une certaine modestie inséparable de la conscience de ses propres limites, cette conjonction tend à lui faire admettre comme à priori valable la relation des faits les plus déconcertants, leur mise en doute relevant à ses yeux non pas de l'objectivité dont il a précisément le souci, mais d'un préjugé qui en serait le contraire. La perspicacité de son jugement dans l'examen de ces informations indirectes est émoussée sous l'influence de divers facteurs tels que la convergence globale, apparente et approximative de certains témoignages, ou la notoriété, l'ancienneté de l'audience, voire seulement le statut social de ceux qui les fournissent. Il ne peut ainsi éviter que des informations fausses ou faussées par ceux qui les rapportent, viennent encombrer et troubler ses raisonnements. Cette crédulité peut paraître significativement en harmonie avec ses options métaphysiques et religieuses, aux yeux de ceux qui rejettent ces dernières. Il ne faut pas perdre de vue à ce propos qu'il est encore difficile au sortir du Moyen Âge d'éviter tout amalgame entre l'étude des phénomènes physiques, qui doit rester en conformité avec la nature de son objet, et les options d'ordre métaphysique ou religieux, qui se situent sur un autre plan.

Cette époque montre d'autre part un attrait général pour l'anecdote, cet attrait étant manifeste chez Montaigne par exemple, qui est particulièrement représentatif de ce temps. Le moraliste qu'était Montaigne a d'emblée dans ce penchant un avantage considérable sur Paré : le seul prétexte que les anecdotes offrent à sa réflexion captivante par sa finesse primesautière, a plus d'importance que leur exactitude et leur authenticité. Il n'en est pas de même pour son contemporain chirurgien et biologiste au sens le plus large : le bien fondé des commentaires que fait Paré à propos d'observations ayant un caractère plus ou moins anecdotique dépend étroitement dans son domaine de leur exactitude et de leur précision.

*

*　　*

Ces deux figures emblématiques furent totalement contemporaines puisque la vie de Montaigne, qui fut plus courte que celle de Paré, s'inscrit complètement dans le temps imparti à cette dernière ; mais elles apparaissent si diversement prééminentes en ce temps qui leur fut commun, et elles demeurent tellement éloignées l'une de l'autre, que leur rapprochement peut paraître conventionnel. Néanmoins, il y a de multiples raisons de faire ce rapprochement qui a déjà l'intérêt de montrer combien des tournures d'esprit par certains points comparables en étant caractéristiques d'une époque, peuvent avoir des conséquences différentes suivant l'objet auquel elles s'appliquent, et ce n'est pas pour autant, semble-t-il, son seul intérêt. Le recul que prend Montaigne à l'égard de ce qui retient son attention, en méditant dans sa tour, seul avec lui-même, l'aide à mieux situer les données des problèmes qu'il est amené à envisager, les unes par rapport aux autres, en laissant toujours chacune au plan qui est le sien. Paré, de son côté est constamment requis par les exigences d'une activité qui, en l'insérant plus étroitement dans la société, l'empêche de prendre le recul nécessaire par rapport à l'objet de son étude. Les chirurgiens n'échappaient pas davantage au temps de Paré qu'aujourd'hui, au risque qu'un point de vue trop exclusivement pragmatique tende à rendre leur jugement superficiel. Sous la pression des exigences de son état, il évite de mettre en question les données sous-jacentes ou adjacentes aux questions qu'il évoque, en adoptant la façon dont la société de son temps a tendance à les considérer en fonction des courants idéologiques en vigueur, et auxquels, de surcroît, il paraît lui-même donner sincèrement son adhésion. Dans cette démarche, il omet de distinguer les plans différents où peuvent se situer les données des problèmes qu'il aborde, en faisant intervenir des considérations métaphysiques ou religieuses à propos de simples phénomènes physiques, où celles-ci n'ont que faire. Il faut évidemment se garder de l'erreur, si fréquente, complémentaire en quelque sorte de la précédente, c'est-à-dire de voir dans celle-ci la preuve du mal fondé des considérations ainsi évoquées inopportunément. Le rapprochement de Paré et de Montaigne est alors susceptible d'éclairer les attitudes respectives de ces auteurs, avec en particulier la mise en lumière de ce paradoxe piquant, à savoir que le moraliste montre un plus grand souci d'objectivité, un esprit plus critique et scientifique que le biologiste qui entend s'appuyer solidement sur une réalité tangible.

Le chapitre XXX du Livre second des *Essais* intitulé « D'un enfant monstrueux » illustre parfaitement notre propos. Montaigne y donne la description d'un monstre qu'il a eu l'occasion de voir, et, bien qu'il déclare modestement d'emblée qu'il « laisse aux médecins d'en discourir », cette description est suffisamment précise pour qu'il soit facile d'y reconnaître celle d'un monstre double "hétéradelphe" selon la classification d'Isidore Geoffroy Saint-Hilaire, le fils d'Etienne, citée et expliquée par J. L. Fisher dans l'ouvrage intitulé *Monstres. Histoire du corps et de ses défauts,* c'est-à-dire qu'il s'agit d'un monstre double inférieurement, à une seule tête. Outre que Montaigne a bien soin d'en préciser l'âge, quatorze mois, il donne maints détails susceptibles d'intéresser un biologiste. Il présume, en restant prudent à l'égard de l'ordre établi, que « ce double corps et ces membres divers, se rapportans à une seule teste » seront considérés socialement comme un seul individu, montrant ainsi qu'il eut aussitôt conscience du problème posé par la personnalité des monstres doubles où la partie céphalique est déterminante de ce point de vue. Après avoir fait allusion à une autre malformation plus légère qu'il vient de voir récemment, et s'être livré à des considérations générales en appelant suivant son habitude un auteur de l'Antiquité à la rescousse, en l'espèce Cicéron, il conclut en moraliste, ce qu'il reste avant tout et en toutes circonstances : « Nous appelons contre nature ce qui advient contre la coustume : rien n'est que selon elle, quel qu'il soit. Que cette raison universelle et naturelle chasse de nous l'erreur et l'estonnement que la nouvelleté nous apporte. » La place que J Céard fait à Montaigne dans l'ouvrage déjà cité, à propos de l'évolution du regard porté sur les prodiges et l'insolite au XVIe siècle, est ainsi pleinement justifiée.

Tout cela invite à poursuivre cette apparente digression sur Montaigne, car il appelle encore d'autres commentaires. Deux reproches ont été souvent faits à cet auteur : d'une part, celui de s'être servi de lui-même dans son étude, ceci ne pouvant se faire sans une exhibition de sa propre personne, ce dont tout un chacun perçoit l'inopportunité ; d'autre part celui de s'être contredit à plusieurs reprises sur les plans éthique et religieux. Ces deux reproches sont susceptibles de s'annuler dans une certaine mesure. Gide en particulier a taxé Montaigne de ce qu'il appelle sa "cauteleuse palinodie", qu'il n'hésite pas à interpréter hâtivement comme une prudente manoeuvre de sauvegarde, prêtant à Montaigne les options profondes qu'il souhaite lui attribuer et qui étaient en son temps réprimées sans ménagement. C'est, au passage, faire bon marché de la façon dont on sait que Montaigne est mort, alors que les circonstances de cette mort laissent penser qu'il était en possession de toutes ses facultés intellectuelles. Montaigne s'étudiant lui-même laisse modestement sa propre personne au plan qui est le sien, bien distinct de celui où il eût peut-être souhaité qu'elle fût : celui de ses options fondamentales métaphysiques et religieuses, dont l'aveu de ce qu'il pouvait fort bien considérer comme ses faiblesses ne permet pas la mise en doute, et encore moins la négation. Dans le bouillonnement intellectuel de cette époque s'affirment de façon caractéristique les attitudes les plus paradoxalement opposées : celle du moraliste qui tente de dissocier le domaine physique du métaphysique dans ce qu'ils ont de plus proche, et celle du chirurgien qui les réunit dans ce qu'ils ont de plus éloigné.

Ce sera au siècle suivant la force de Pascal, si gênante pour ceux qui ne partagent pas ses options, d'éviter toute interférence entre les deux domaines. Ceci ne veut nullement dire au demeurant que la confrontation de ce qui appartient à chacun des deux domaines soit inconcevable, ce fut le mérite de Kant de tenter l'analyse de ses conditions, mais cet essai mémorable se situe au XVIIIe siècle. Le progrès dans la perception du problème du XVIe siècle, avec Paré et Montaigne, au XVIIIe siècle avec Kant, est caractéristique.

*

* *

Au demeurant, le fait que les limites du normal étaient tracées au temps d'Ambroise Paré avec beaucoup moins de précision qu'aujourd'hui a certainement favorisé le caractère apparemment approximatif des propos de cet auteur. Il semble que la notion du caractère létal ou non d'une malformation lui fasse encore défaut, et il faut noter à ce propos que des références mythologiques ont été appliquées à des malformations typiquement létales comme la "cyclopie" ou celle des "sirènes". J.-L. Fischer a analysé en détail dans l'ouvrage déjà cité à la fois les raisons et le résultat de l’amalgame entre des malformations réelles et les mythes, qu'il soit ou non volontaire.

S'il est vrai que l'objet de ce qui deviendra bientôt la tératologie se soit peu à peu largement dépouillé de tout ce qui le surchargeait et l'obscurcissait, la réalité est évoquée au XVIIIe siècle simplement par la reconnaissance de trois catégories de monstres : les monstres par excès, par défaut et par anomalie de position. Ce classement est encore celui qui est adopté en 1775 par F. Régnault dans un ouvrage intitulé *Les écarts de la nature ou recueil des principales monstruosités que la nature produit dans le genre animal,* dont l'iconographie de qualité, souvent reproduite, demeure chargée de symbolisme. Un tel classement est révélateur du fait très significatif que l'observateur ne disposait pas alors d'autre référence que celle de l'aboutissement du développement habituel pour étudier le monstre véritable, en restant dépourvu de tout renseignement sur ce développement même.

*

* *

En effet, l'embryon tenait encore paradoxalement peu de place dans la tératologie, en dépit des découvertes qui venaient alors d'être faites à son sujet, et les recherches en Tératologie n'avaient aucun lien avec celles dont l'embryon normal a été l'objet vers la même époque. Néanmoins le monde scientifique était confronté depuis Harvey au dilemme de savoir si les malformations sont déterminées avant le développement de l'oeuf ou si elles se constituent au cours de celui-ci, étant entendu que la conception de l'oeuf évoluera encore beaucoup après Harvey. Comme il est de règle pour ce genre de dilemme, qui résulte de façon éloquente des illusions que l'homme se fabrique en progressant sur le chemin de ses découvertes, celui-ci se révélera plus tard mal posé.

La question au demeurant semblait légitime, mais il eut été plus avisé de reconnaître que les données du problème étaient alors insuffisamment définies pour tenter de le résoudre, plutôt que de s'engager dans un débat sans issue. Néanmoins il y en eut un, au cours de la première moitié du XVIIIe siècle, qui opposa Louis Lémery, le fils du médecin, pharmacien, et surtout chimiste normand Nicolas Lémery, à Winslow, le célèbre anatomiste parisien d'origine danoise, ce dernier étant convaincu de l'antériorité, et Lémery du contraire. Leur discussion, à laquelle prirent part divers comparses dont Fontenelle, se prolongea durant une décennie : J. Roger en a fait une analyse détaillée dans l'ouvrage intitulé *Les sciences de la vie dans la pensée française au XVIIIe siècle*, où il en expose tous les aspects en particulier philosophiques, voire théologiques.

Ce duel n'est pas intéressant seulement par son côté susceptible de revêtir à nos yeux maintenant un aspect pittoresque, il est représentatif des rapports entre la science et l'homme. Il est encore malaisé de dire aujourd'hui, en dépit des progrès effectués dans la connaissance de la question, lequel des deux protagonistes a été globalement le plus près de la vérité, de même que la rationalité de leurs démarches respectives peut être diversement appréciée : il est fréquent d'en voir attribuer davantage à Lémery qu'à Winslow, alors que J. L. Fischer propose l'inverse sur des arguments aussi fondés que convaincants. On pourrait être tenté de penser qu'ils avaient raison tous les deux, ce qui serait assez piquant, mais ce n'est pas de la façon dont chacun le concevait. Il est toujours hasardeux et critiquable de projeter sur des textes d'auteurs anciens, pour les rendre plus parlants, des conceptions plus récentes du sujet qu'ils abordent. Néanmoins il reste intéressant, et c'est même un des attraits de l'histoire des sciences, de mettre en lumière ce que des concepts périmés pouvaient contenir potentiellement de vérité. Ainsi les malformations que l'on sait aujourd'hui avoir une cause toxique ou virale, peuvent être considérées comme correspondant globalement au processus invoqué par Lémery, et celles d'origine génétique à celui que soutint Winslow. En fait, la conception de ce dernier auteur reposait sur la théorie de la préformation, qui n'avait pour tout fondement que des postulats philosophiques, et celle de Lémery sur une théorie mécaniste. Notons en passant que l'intervention d'un facteur mécanique n'est pas exclue dans certaines éventualités ; mais il apparaît surtout que la place considérable occupée par le facteur génétique ne donne pas pour autant raison à Winslow, elle ne fait que porter à nouveau la question sur le plan philosophique cher à cet auteur, mais d'une façon différente de celle à laquelle il songeait. Pour que la théorie de la préformation fût valable, il eût fallu précisément que l'oeuf n'existât pas en tant qu'entité nouvelle résultant de la fusion des gamètes, et que le nouvel être dérivât d'un "germe" préexistant, selon le principe de la "préexistence des germes" alors en faveur. L'évolution du "germe préexistant" passerait alors nécessairement par le stade de "homuncule" déjà affecté de la malformation. Ce dernier point méritait d'être précisé pour montrer la convergence significative des vues de Winslow avec celles qui ont fait évoquer "l'homuncule" dans le développement normal.

En réalité, si les gènes sont dans leur essence, en provenant des gamètes dont la fusion constitue l'oeuf, antérieurs à celui-ci, ils n'acquièrent leur potentialité à créer une malformation qu'en vertu de l'agencement nouveau qui est réalisé dans l'oeuf. Ceci s'accorde avec la définition de la malformation donnée par E. Wolff : "une erreur du développement embryonnaire", l'erreur pouvant être induite par cet agencement réalisé dans l'oeuf. La potentialité d'expression des gènes contenus dans les gamètes étant ainsi purement conjecturale, la théorie de la préformation ne peut les considérer à l'origine d'une malformation sans prendre en compte la somme des évènements qui président à la constitution de l'oeuf, en particulier ceux qui ont trait à la fécondation avec leurs contingences temporelles et spatiales, ce qui la fait sortir du domaine purement biologique pour la placer sur le plan métaphysique.

*

* *

Au début du XIXe siècle un auteur aujourd'hui assez oublié, bien qu'il tint une grande place dans la communauté scientifique de son temps, Vincenzo Malacarne, se placera pour envisager la nature et les causes des malformations d'un point de vue mieux fondé que ceux des protagonistes de la polémique qui vient d'être évoquée. Céline Cherici, qui a récemment consacré une thèse à cet auteur, attirant l'attention sur ce point qui était pour le moins négligé voire ignoré, y met parfaitement en lumière le rôle novateur de Malacarne. Grâce à lui commence à poindre une prise en compte du développement embryonnaire dans la façon de concevoir la genèse des malformations, et un rapport tend enfin à s'esquisser entre l'embryologie et la tératologie, mais qui reste encore chez cet auteur surtout d'ordre théorique et conceptuel. C. Cherici, très à l'aise du point de vue philosophique à partir duquel elle se place, bénéficie dans la pénétration rétrospective de la pensée de Malacarne de sa double culture, française et italienne, et il convient de s'en remettre totalement à elle sur ce sujet. Elle situe précisément cet auteur "à la charnière entre la science des monstres seulement descriptive et une tératologie qui vise à en comprendre les mécanismes de formation", et lui restitue ainsi l'éclat revenant de droit à un héritier du passé particulièrement prestigieux en Embryologie de l'Université de Padoue, dont il fait ainsi figure d'émanation reviviscente au XIXe siècle.

Malacarne a étudié principalement les malformations majeures de l'axe nerveux cérébro-spinal et, corrélativement de la sphère céphalique. C. Cherici fait remarquer à ce propos qu'il fut dès 1780 le premier à confronter ses observations tératologiques avec les notions alors récemment acquises sur le développement embryonnaire normal dues à C. F. Wolff, et ainsi amené à interpréter ces malformations comme le résultat d'un arrêt du développement. Une malformation étant susceptible de représenter ainsi une étape du développement normal, la perspective d'une osmose dans les deux sens entre les deux sciences, l'Embryologie et la Tératologie transparaît immédiatement, la malformation pouvant être révélatrice des modalités du développement normal.

Ceci implique d'autre part d'admettre dans la genèse des "monstres" un processus commun avec celle de l'être normal. Il est superflu d'insister sur la portée de cette reconnaissance dans la façon de concevoir la créature monstrueuse par rapport à la créature normale à propos de l'homme. C. Cherici a développé les aspects philosophiques de la question, de même que les propositions de Malacarne touchant une classification des malformations qui, découlant de cette façon de les concevoir, devient plus précise et significative que la simple reconnaissance de catégories grossièrement définies jusqu'alors en usage.

*

* *

Néanmoins, il faudra attendre encore plusieurs années pour qu'Isidore Geoffroy Saint-Hilaire mette de l'ordre dans la question. En effet, son *Histoire générale et particulière des anomalies de l'organisation chez l'homme et les animaux,* éditée de 1832 à 1837, constitue un document scientifique majeur sur le sujet ; il en bannit les extrapolations philosophiques aventureuses, élimine les faux et classe ce qui doit être retenu. Dans le titre de cet ouvrage, il n'est donc plus question de monstres ni de monstruosités mais du terme plus général d'anomalies, ce qui n'a pas seulement l'avantage d'éliminer les résonances ou, si l'on tient à user du vocabulaire actuellement en faveur, les "connotations" des termes précédents, mais, de cette façon , la totalité des conséquences définitives du développement anormal de l'oeuf est envisagée dans son ensemble.

A ce propos, la Tératologie offre un exemple de l'influence paradoxale que les progrès de la connaissance peuvent avoir sur le langage. Ce n'est là qu'un nouvel aspect des rapports entre le langage et la science que nous avons déjà envisagés du point de vue inverse, celui des effets du langage sur la science. Ces derniers effets sont en raison de leur importance et de leur subtilité un des objets principaux de ce travail ; mais ceux des progrès scientifiques sur le langage, que nous avons maintenant l'occasion d'évoquer, n'en méritent pas moins quelques instants d'attention. On pourrait imaginer en effet qu'un progrès des connaissances apporte toujours une plus grande clarté dans le langage qui se rapporte à celles-ci ; en l'occurrence, il semble que ce ne soit pas toujours le cas. Les définitions actuellement proposées de la "tératologie" sont différentes de celle qui en a été donnée par Littré; ce dernier auteur demeurait attaché au concept de monstruosité imposé par l'étymologie, alors qu'Isidore Geoffroy Saint-Hilaire, qui avait introduit ce terme – ou plus exactement, comme le fait remarquer Fischer, l'avait réintroduit – devait lui-même contribuer à l'en libérer. Le sens du mot en évoluant s'éloigne de son sens étymologique, ce qui est d'autant plus fâcheux que cette étymologie est très caractéristique. D'autre part, les significations des termes de "malformation" et d'"anomalie" tendent aujourd'hui à se restreindre dans leur emploi scientifique, ainsi que le signale également Fischer, en mentionnant le caractère conventionnel de ces restrictions ; mais où sont les limites de la convention dans le langage ? Le sens du mot "anomalie", sous la plume d'Isidore Geoffroy Saint-Hilaire lui-même, n'en garde pas moins son sens général et usuel dont il ne peut être dépouillé. Il apparaît ainsi qu'une certaine confusion dans le langage peut paradoxalement résulter du progrès des connaissances. Ce phénomène est d'autant plus remarquable que, comme le note toujours Fischer dans son ouvrage déjà cité, Isidore Geoffroy Saint-Hilaire avait un grand souci des questions de vocabulaire, qu'il considérait à juste titre comme très importantes dans le progrès des sciences, et qui tiennent une grande place dans son oeuvre dont c'est une des qualités saillantes.

Le destin d'Isidore Geoffroy Saint-Hilaire qui fait donc figure sur le plan international de fondateur de la Tératologie telle que nous la concevons maintenant, mérite une attention particulière. Après avoir succédé en 1840 dans la direction du Muséum à son père le fameux Etienne Geoffroy Saint-Hilaire, il bénéficiera d'une carrière officielle brillante, puisqu'il sera Président de l'Académie des Sciences. Ironiquement, sa gloire se trouvera éclipsée après sa mort dans son propre pays par celle de son père, à laquelle il avait lui-même contribué en lui ayant consacré un ouvrage. En revanche, les milieux scientifiques étrangers ont reconnu l'apport original du fils, sans pour autant négliger ce qui appartient au père, et il est révélateur de comparer les articles qui leur sont respectivement consacrés dans les encyclopédies de langue anglo-saxonne et dans celles de langue française, même récentes.

*
* *

Nonobstant la place considérable occupée par Isidore Geoffroy Saint-Hilaire dans l'histoire de la Tératologie, ce n'est pas à cet auteur qu'appartient d'avoir réalisé la jonction de cette science avec l'Embryologie, bien que son oeuvre ait contribué à favoriser le rapprochement de ces deux disciplines. J. L. Fischer, qui a consacré une thèse à l'oeuvre de Camille Dareste, a montré que ce dernier auteur avait joué à ce propos un rôle déterminant dans la seconde moitié du XIXe siècle. Dareste peut être considéré comme le fondateur de la tératogénie, commune à la Tératologie et à l'Embryologie, puisqu'elle a pour objet l'étude par les méthodes expérimentales des processus aboutissant à la constitution des malformations au cours du développement. L'oeuvre scientifique contemporaine d'Etienne Wolff a apporté dans cette voie des progrès marquants. La création de malformations chez l'animal de laboratoire par des moyens expérimentaux a été poursuivie dans le but d'éclairer le développement normal, autant que celui qui aboutit en pathologie congénitale à des malformations du même ordre. Ce fut encore l'orientation principale des travaux de notre maître Antoine Giroud, et de bien d'autres auteurs ; cette orientation est l'expression même de la fusion de la Tératologie au sens large, que lui donnait en fait déjà Isidore Geoffroy Saint-Hilaire, et de l'Embryologie.

D'autre part, la Tératologie s'insère maintenant de façon significative, sinon sur le plan expérimental, du moins sur le plan médical, dans l'ensemble de la pathologie de l'embryon et du foetus, qui se dessine avec de plus en plus de netteté, et dont le diagnostic prénatal, voire parfois le traitement, sont devenus accessibles. J. P. Barbet a contribué par ses travaux à cette évolution épistémologique dont la fécondité aussi bien sur le plan théorique que pratique, et, de ce fait, l'opportunité sont évidentes ; en particulier, la parution en 1997 d'un ouvrage de cet auteur intitulé *Pathologie embryo-foetale* concrétise cette évolution dont elle marque une étape.

CHAPITRE VIII

L'EMBRYON

ENTRE LA CELLULE ET L'HOMME.

Une cellule quasi virtuelle et pourtant capitale.

Quand le moraliste dispute à l'embryologiste

la lunette pour scruter le mystère de Castor et Pollux.

L'approche tardive de la différenciation cellulaire :

Encore un paradoxe révélateur.

L'énumération de diverses entités dont l'une est l'homme, fournit des titres évocateurs qui ressemblent plus ou moins à ceux des fables, même s'ils annoncent des textes qui ne laissent aucune place à la gracieuse fiction, subtilement distincte des autres formes du mythe par son respect attentif de la nature, dont La Fontaine se servit pour scruter la morale avec tant de finesse et de bonheur. Pour autant, il s'agit bien ici d'une histoire fabuleuse, mais aucun des esprits les plus géniaux du passé ne l'a imaginée : c'est la plus vraie qui puisse être.

Il paraîtrait à première vue plus logique de respecter l'ordre même du développement, en mettant en premier la cellule. Néanmoins l'objet de ce travail étant l'Embryologie, il convient de laisser à l'embryon la primauté. De plus, l'existence de l'embryon s'est imposée dans diverses circonstances, et ses traits les plus accessibles ont été perçus, bien avant que la cellule ait été découverte, alors que nous nous plaçons précisément du point de vue historique dans cet essai. Enfin l'ordre choisi, en s'écartant de celui du développement biologique, tend à isoler davantage le dernier terme avec tout ce qu'il implique, et suggère mieux la distance le séparant des deux précédents, qui demeurent plus proches l'un de l'autre.

Les rapports entre ces trois entités ont des aspects proprement scientifiques, et d'autres qui peuvent être qualifiés de "philosophiques". C'est exclusivement grâce à la pratique des disciplines scientifiques que la cellule est connue ; bien que ce ne soit pas de cette façon que l'existence de l'embryon ait été décelée même lorsqu'elle n'était pas évidente, et que certains de ses traits aient été reconnus, c'est aussi par l'application des techniques scientifiques que sa genèse et ses caractéristiques biologiques ont été appréhendées et de plus en plus approfondies. Il semblerait donc opportun d'envisager d'abord les aspects scientifiques des rapports entre ces deux entités, sans se soucier immédiatement de leurs relations avec l'homme, qui revêtent aussi d'autres aspects, bien que ce dernier reste concerné d'entrée de jeu en tant qu'objet également biologique.

Au demeurant, les incidences philosophiques des rapports entre l'embryon, la cellule et l'homme ne sont pas exclusivement liées à l'homme, puisque ceux-ci font intervenir indépendamment de lui la notion de temps. Là où le temps ne peut être réduit à un quelconque paramètre numérique et traité comme tel, mais doit être considéré dans son essence, comme c'est le cas ici, on se trouve ipso facto projeté dans le domaine philosophique. L'Embryologie étant ainsi liée à la philosophie par la question du temps, un prochain chapitre sera consacré à cette relation. Néanmoins, les aspects des rapports entre la cellule et l'embryon qui sont particuliers à l'espèce humaine étant indissociables de ceux qui existent pour toutes les espèces, fussent-ils liés au temps, la prise en compte de l'homme s'impose dès maintenant, malgré les écueils qu'elle recèle.

Ce serait aujourd'hui d'autant plus malvenu d'ignorer ces aspects que l'embryon humain peut être manipulé. S'il est vrai que la façon dont on considère ces aspects ne régit pas à elle seule l'attitude que l'on aura à l'égard de l'embryon humain, ainsi que nous l'avons déjà noté à propos des auteurs scolastiques, elle n'en demeure pas moins un des facteurs déterminants.

*

* *

Bien que les rapports sur le plan scientifique se répartissent évidemment entre les trois entités, les rapports entre la cellule et l'embryon revêtent un développement et une importance considérables sur ce plan, comprenant toute l'ontogenèse, et, surtout, comportant plus spécifiquement à l'échelle de la cellule le phénomène capital de la différenciation cellulaire, dont l'approche a fait récemment des progrès décisifs. Comme toute une part des rapports entre la cellule et l'homme passe par l'embryon, les aspects scientifiques de ceux qui se situent entre la cellule et l'embryon tiennent aussi une grande place dans ceux qui s'établissent entre la cellule et l'homme.

Le fait que l'embryon représente le passage, suivant un ordre et des séquences rigoureusement définis, d'une seule cellule, dont le caractère particulièrement éphémère – elle est même pratiquement virtuelle – ne saurait masquer l'individualisation de principe capitale, à une organisation unitaire et hautement caractérisée, groupant une multitude de cellules extrêmement différentes les unes des autres et néanmoins solidaires, demeure le phénomène le plus fascinant de la biologie, abstraction faite de la vie elle-même. Ceci d'autant plus que la génération dans laquelle ce phénomène s'inscrit, a été déchiffrée pour la plus large part dans ses autres aspects ; ce qui d'ailleurs peut sembler d'un certain point de vue paradoxal. Ce paradoxe fait songer à celui de la séparation entre l'Embryologie et la Tératologie jusqu'à une époque récente, qui a été souligné ; surtout elle suggère que le défaut d'accessibilité d'un phénomène tende à peser sur sa pénétration scientifique au-delà du moment où les conditions initiales de cette accessibilité n'interviennent plus dans son exploration.

D'autre part, le fait que la formation de l'embryon résulte d'un développement partant d'une seule cellule, marque non seulement l'importance des processus qui président à la différenciation cellulaire en permettant le passage de cette cellule à un organisme offrant les caractéristiques de l'espèce et les particularités d'un nouvel individu, mais aussi celle de la potentialité dont cette cellule est pourvue, qui apparaît prodigieuse aussi bien par son ampleur que par sa spécificité. Envisager seulement le premier aspect du phénomène en négligeant l'autre avec ses incidences sur le plan éthique, cette cellule étant à présent accessible, serait une démarche irrationnelle, donc interdite au scientifique en vertu de la rationalité dont il se réclame. De ce fait, sa responsabilité est d'autant plus engagée s'il se livre à des manipulations où cette cellule est impliquée, que c'est en toute connaissance de cause. Il ne saurait être question pour autant de formuler une interdiction de l'accès à cette cellule qui est devenu possible, ce serait aussi outrecuidant que vain, mais seulement d'attirer l'attention sur le fait que, s'il pense devoir mettre à profit cette possibilité, le scientifique n'en doit pas moins à aucun moment perdre de vue ce que cette cellule représente. On ne saurait dénier la responsabilité que cela implique en prétendant que la cellule échappe aux principes éthiques parce qu'elle n'est pas à l'échelle humaine. Si l'on se plaçait à ce point de vue en faisant abstraction des objections que cette attitude peut soulever dans son principe même, il faudrait alors déterminer le seuil à partir duquel la masse des cellules qui constituent un embryon devrait être considérée comme se situant à l'échelle humaine ; l'inadéquation d'une telle démarche à résoudre le type de question posé est évidente. En admettant qu'un tel seuil puisse être défini, celui-ci pourrait être atteint par une culture de tissus humains sans aucunement modifier la façon de la considérer sur le plan éthique, ce qui montre bien que la potentialité des objets envisagés est déterminante sur ce plan.

Il est au demeurant évident que les formes initiales de la vie humaine dans lesquelles aucun caractère humain ne s'est encore exprimé n'ont pas la même valeur sur le plan éthique que celles qui offrent une expression de ces caractères, fût-elle imparfaite ; mais ceci ne veut pas dire pour autant que les premières ne doivent pas être prises en compte sur ce plan pour ce qu'elles représentent en vertu de leur nature et de leur potentialité, d'autant plus que les caractères en question y sont latents sous la forme du génome. Nous avons vu que les auteurs scolastiques s'étaient déjà heurtés à la difficulté de l'appréciation de la valeur sur le plan éthique de l'embryon au début de son développement. À aucun moment ils n'ont suggéré qu'elle pût être nulle, ni que l'ordre de grandeur atteint par l'embryon, donc le niveau où il se situe de ce point de vue par rapport à l'homme, dût être pris en considération, seule entrant en ligne de compte à leurs yeux la présence ou non de caractères humains. La latence de la totalité de ces caractères dans le génome, préalable à leur expression, était alors inconnue ; sa reconnaissance n'ébranle pas le bien fondé de la discrimination proposée, qui continue de s'imposer en vertu de la nécessité évidente de distinguer ce qui existe réellement et ce qui est seulement potentiel, mais le substrat biologique de cette potentialité, tel qu'il est à présent connu, en représentant le lien objectif qui unit spécifiquement les formes initiales du développement à celles où les caractères humains ont commencé de s'exprimer, confirme le bien fondé de sa prise en compte dès les origines du développement. Ces origines sont demeurées longtemps floues et mal définies, nous savons maintenant que c'est exactement à partir de la fécondation dont les modalités sont parfaitement connues.

*

* *

On pourrait s'étonner de ce que la cellule initiale de l'oeuf fécondé n'ait pas d'avantage préoccupé les philosophes, depuis qu'elle a été repérée. C'est une raison de plus pour souligner l'allusion que Bergson fait à cette cellule au premier chapitre de l'*Évolution créatrice* [*], tout au long duquel elle demeure présente. « Une seule cellule, obtenue par la combinaison de deux cellules mâle et femelle, accomplit ce travail, en se divisant », écrit-il en entendant évidemment par "travail" l'ontogenèse, et il ajoute, l'homme étant ici directement concerné : « Tous les jours sous nos yeux, les formes les plus hautes de la vie, sortent d'une forme très élémentaire ». La justesse de ce dernier qualitatif pourrait être contestée, car elle dépend de la façon de l'entendre, mais on peut faire confiance à l'auteur sur ce point. Bergson se révèle un grand biologiste

---

[*] Bergson lui-même, citant le titre de son œuvre, l'a orthographié de diverses façons ; nous avons retenu celle, fréquemment employée, qui semble conforme aux conventions les plus classiques, sinon les plus actuelles.

à travers ses ouvrages philosophiques, ayant su prendre en considération les implications biologiques des problèmes philosophiques auxquels il était confronté, et même se placer du point de vue du biologiste, mieux que tous les autres philosophes depuis Aristote, qui demeure exemplaire sur ce point. Cette démarche n'est certainement pas étrangère à l'impression de lucidité exceptionnelle qui se dégage de l'oeuvre de Bergson.

La discrétion de cette cellule contribue sans aucun doute à la dérober à l'attention qu'elle doit susciter. Sa fugacité est telle qu'elle tend à n'avoir chez l'homme en particulier qu'une existence virtuelle. En effet on ne peut dire qu'elle est vraiment constituée avant la fusion des deux noyaux, dits "pronuclei", provenant chacun d'un des deux gamètes, et sa division s'amorce dès cette fusion même. Elle conserve au cours des quelques heures pendant lesquelles s'accomplissent ces phénomènes nucléaires, l'apparence de l'ovocyte* originel, si bien qu'elle n'est jamais parfaitement individualisée. Cette cellule est ainsi un exemple de la dissociation possible entre la portée d'un phénomène biologique et l'ampleur de son expression physique immédiate. En effet au moment où apparaissent les deux pronuclei, l'organisation interne de l'ovocyte est déjà abolie pour permettre la constitution d'un génome nouveau, qui est propre à la cellule en formation, et qui, en la caractérisant, va gérer son devenir proche, dont on sait déjà la richesse et même, pour une large part, le plus lointain. La portée du phénomène que représente la substitution de cette cellule à celle qui la précède, s'oppose ainsi de façon saisissante à la pauvreté de son expression physique.

---

* Cette forme classique de la désignation du gamète féminin, parfois considérée comme vieillie, peut être remplacée par celle "d'oocyte".

Pour ces raisons, cette cellule est l'illustration de l'importance d'une certaine forme de potentialité sur le plan scientifique : la totalité du développement est subordonnée au principe de son existence, alors que la réalité de cette existence même reste discutable d'un certain point de vue, ainsi qu'il vient de l'être rappelé. Il est permis de voir là une justification scientifique du respect de la potentialité biologique sur le plan éthique, lorsqu'il s'agit du développement humain ; puisqu'une potentialité de ce type peut avoir par elle-même, l'amorce de son accomplissement n'étant qu'à peine ébauchée, autant d'importance que les expressions ultérieures de cet accomplissement.

Rappelons à ce propos que c'est à Édouard van Beneden, le fils du célèbre zoologiste de l'Université de Louvain, que l'on doit d'avoir précisé, dès 1883, la constitution d'un génome nouveau dans la cellule initiale par la fusion des deux pronuclei, et la transmission de ce génome aux premiers blastomères. Ainsi que des auteurs l'ont souligné au symposium de la *British Society for developmental biology* en 1983, cette démonstration mémorable représente la base de toutes les implications génétiques en embryologie. Nous aurons encore l'occasion de revenir sur ces implications à propos des progrès effectués récemment dans ce domaine, et sur la justification scientifique des exigences éthiques qu'elles constituent à l'égard de la cellule initiale et de l'oeuf avant toute différenciation.

Il est révélateur que cette cellule, en dépit de tout ce qu'elle représente, n'ait pas reçu d'appellation qui soit évocatrice à la fois de sa particularité et de la place primordiale qu'elle occupe dans le processus de la génération. A ce double point de vue, l'étymologie du terme de "zygote", le seul qui soit susceptible de la désigner spécifiquement, ne suffit pas à rendre ce terme satisfaisant, d'autant plus que ce qu'il devrait alors évoquer n'est guère perceptible dans ses dérivés tels que "monozygote" ou "hétérozygote" qui sont plus usuels. Il est difficile dans ces conditions de prétendre limiter l'application de ce terme à la cellule initiale proprement dite, en excluant de l'étendre aux premiers stades du développement de l'oeuf. Les dérivés cités ci-dessus y invitent même, puisqu'on n'entend pas obligatoirement par gémellité monozygote une gémellité résultant du développement distinct des deux premiers blastomères, mais aussi de deux groupements de blastomères se séparant un peu plus tardivement. Le terme de "zygote" devient ainsi pratiquement synonyme d'oeuf fécondé. De fait, un usage licite permet d'appliquer simplement à la cellule initiale l'appellation courante "d'oeuf", en entendant donc par là oeuf fécondé, le terme d'oeuf s'opposant alors à celui "d'ovule" désignant seulement le résultat de la ponte ovarienne. Il est entendu que la conception de l'oeuf dont Harvey a fait état ignore même le principe d'une cellule initiale, néanmoins celui de l'universalité de l'oeuf proposé par cet auteur le rapproche déjà de la cellule en vertu de l'universalité commune à ces deux entités. Les souvenirs historiques qui se rattachent à ce mot qui fait image, de même que sa simplicité, rendent son emploi séduisant, mais il est alors logique d'admettre qu'il peut s'appliquer aussi aux stades suivants du développement qui précèdent la constitution de l'embryon. D'autre part, la cellule initiale ne peut pas être désignée comme le premier blastomère, ainsi que l'eut permis l'étymologie, parce que le "blastomère" se définit comme une cellule résultant par division d'une cellule semblable à lui dans le cadre du processus qui caractérise la phase initiale du développement de l'œuf fécondé durant laquelle ses cellules se divisent sans qu'il augmente de volume. Ce processus est dit segmentation* de l'œuf. La cellule initiale donnera donc en quelques heures naissance aux deux premiers blastomères sans en être un elle-même. Dans ces conditions, la façon la plus explicite de la désigner est de se référer à l'ovocyte, dont elle peut être considérée comme l'aboutissement, et l'on parlera d'ovocyte fécondé, mais elle ne dérive en fait que partiellement de l'ovocyte dans le cadre d'un remaniement profond de son organisation qui représente une véritable rupture avec l'état antérieur. Une telle inadéquation du langage offre un nouvel exemple de l'importance de ses rapports avec la science. Le langage prenant nécessairement appui sur l'expression physique du phénomène biologique qu'il désigne, ne peut éviter de refléter la façon dont celui-ci est apparu à l'observateur, avec les lacunes qui peuvent en résulter dans la manière de le considérer, lacunes que le langage tend ainsi à perpétuer et dont il prolonge les conséquences. Nous reconnaissons ici le processus que nous avons déjà dénoncé à propos de l'organisation embryonnaire qu'il est habituel de désigner comme "l'appareil branchial".

Cette cellule est dans le cas de l'homme non seulement spécifique de l'espèce humaine, comme il en est pour toutes les espèces, mais contient en puissance toutes les particularités biologiques d'un type déterminé d'individu qui lui est propre, en vertu d'un type d'ontogenèse qu'elle inaugure et qui lui est spécifique.

---

* Ce terme est appliqué ici, comme il se doit, à un ordre de faits totalement différent de celui qu'il a servi à désigner en vertu de son acception la plus générale, à propos du développement cervico-facial, en revêtant à présent un sens complètement distinct qui vient d'être défini.

S'agissant de l'homme, cette constatation a une portée considérable, dont il est impossible de faire abstraction. Dans l'immense majorité des cas, un seul individu résultera du développement de cette cellule, néanmoins deux individus peuvent en résulter dans l'éventualité d'une gémellité monozygote, c'est-à-dire de jumeaux développés à partir du même oeuf. L'éventualité de plus de deux individus provenant du même oeuf n'est pas exclue, mais il s'agit alors de faits exceptionnels qui au demeurant ne modifient pas la façon d'envisager la question. De toute façon, le scientifique est obligé de considérer la cellule initiale de l'oeuf, c'est-à-dire l'ovocyte fécondé, indépendamment de toute préoccupation idéologique, comme une ou plusieurs, pratiquement deux, personnes en puissance.

La création de conditions artificielles à ce développement ne change rien à cette obligation, pas plus que la possibilité également artificielle de le différer. Il est presque superflu d'insister sur les conséquences de ces constatations, en particulier les responsabilités qu'elles font peser sur ceux qui pratiquent des manipulations de l'oeuf humain, même avant l'embryogenèse au sens strict.

Avant d'envisager le passage de cette cellule à l'homme par l'embryon, il paraît de ce fait opportun, de rappeler comment elle se situe par rapport à l'homme, ainsi que l’oeuf aux stades qui suivent immédiatement sa constitution. Cette précaution s’impose d’autant plus que cette question peut prêter à diverses équivoques qu'il convient de dissiper. En premier lieu, la relation qui unit cette cellule initiale aux gamètes dont elle provient, en particulier à l'ovocyte avant sa fécondation, peut donner l'illusion qu'elle se situe déjà dans une continuité, qui ne ferait que se prolonger après sa constitution ; ce qui tendrait à amoindrir sa valeur propre. En second lieu, la possibilité que cette cellule soit à l'origine du développement de jumeaux, voire de plus de deux individus, peut inciter à admettre une restriction de sa potentialité par rapport à la personne humaine. Enfin la nidation apporte un changement dans les rapports entre l'oeuf et l'organisme maternel, tel que l'on peut être tenté d'y voir une justification de leur prise en compte dans la façon de considérer l'oeuf sur le plan éthique. Quitte à faire état de faits bien connus, il est donc préférable de revoir ces trois points.

*
* *

Cette cellule initiale de l'oeuf fécondé résulte donc, comme chacun sait, de la fusion de deux cellules existant antérieurement, de morphologies extrêmement différentes, ayant chacune des attributs génétiques incomplets mais complémentaires : les gamètes mâle et femelle. Ces dernières cellules sont à leur manière, non seulement spécifiques de l'espèce à laquelle appartient l'organisme dont elles émanent, mais aussi de cet organisme même. De ce fait, les gamètes humains doivent être considérés du point de vue éthique non seulement comme appartenant sur le plan biologique spécifiquement à l'espèce humaine, mais encore, et sans aucune réserve, aux individus dont ils émanent. Cette spécificité et cette appartenance biologiques étant immuables et indépendantes de la volonté de qui que ce soit, en particulier de celle des individus dont ces cellules émanent, persistent intactes lorsque ceux-ci en font consciemment ou inconsciemment abstraction dans leur attitude. Lorsqu'une manipulation des gamètes se fait dans le cadre d'une telle abstraction, la responsabilité de celui qui la pratique est ipso facto toujours plus ou moins engagée sur ce point, selon l'attitude qu'il a prise à son égard ; ce, d'autant plus qu'il sait pertinemment ce dont il retourne.

Nonobstant cette absolue spécificité avec tout ce qu'elle implique, les gamètes ne sont pas pour autant représentatifs de l'organisme dont ils proviennent, puisqu'ils ne sont pas pourvus de la totalité du génome qui le caractérise. Bien que le génome des gamètes dérive spécifiquement de l'organisme qui les produit, il en diffère à la fois par la quantité des gènes qu'il comporte et leur disposition ; c'est la particularité essentielle de ce type de cellule par rapport à tous les autres qui entrent dans la composition de cet organisme. Les gamètes diffèrent d'autre part profondément de ce même point de vue de la cellule initiale de l'oeuf fécondé qui est pourvue d'un génome complet, et qui est, par essence, représentative du nouvel individu dont elle est la première, indispensable et totale expression. A cette différence capitale, s'ajoutent celles qui résultent d'autres particularités des gamètes, qui sont bien connues, mais éloquentes, et qu'il est donc opportun de rappeler brièvement.

Des variations de longévité considérables sont observées entre les multiples types de cellules entrant dans la composition d'un organisme, en particulier à partir du moment où ces cellules ont atteint leur degré maximal, non seulement de différenciation, mais aussi de maturation, qui leur permet d'assumer leur fonction. Cette dernière précision s'impose tout particulièrement à propos des gamètes, qui, après avoir atteint leur pleine maturité, se situent sur l'échelle des variations de longévité parmi les plus courtes. Surtout, le gamète revêt un caractère foncièrement provisoire en tant que tel, qu'il participe ou non à un processus de fécondation. Dans cette dernière éventualité en effet, il a un caractère terminal qui s'oppose au caractère inaugural de la cellule initiale de l'oeuf fécondé. Pour que cette première cellule embryonnaire prenne naissance, à partir des gamètes, leur disparition en tant que tels doit être consommée ; alors que les cellules embryonnaires, dites "blastomères", qui proviennent ensuite de cette cellule initiale sans qu'il n'y ait plus aucune contrepartie négative, demeurent en continuité totale avec celle-ci.

Un autre aspect du destin des gamètes vient corroborer le précédent. Alors que la plupart des cellules sont destinées à assumer dans l'organisme la fonction à laquelle leur différenciation les a adaptées, la participation complète à un processus de fécondation est pour le gamète une probabilité extrêmement faible. Une différence importante existe sur ce point entre les deux gamètes, néanmoins ceci reste vrai pour le gamète féminin. Si l'on considère les gamètes, la fécondation est donc un évènement exceptionnel, et la valeur de la cellule qui en résulte est de ce fait sans commune mesure, en restant sur le plan biologique, avec les gamètes qui sont à son origine.

Un faisceau d'arguments d'ordre scientifique vient ainsi à l'appui d'une distinction radicale entre l'oeuf à partir de la fécondation, avec l'embryon qui en découle, et les gamètes dont il provient. De même que la position sur ce plan à l'égard de l'homme, tel qu'il se perçoit dans son individualité, de ces deux types d'éléments qui sont ainsi parfaitement définis par rapport à lui, est très différente, comme le sont aussi de ce fait les conséquences d'ordre éthique que cette réalité entraîne dans leurs maniements respectifs.

Alors qu'il y a donc une séparation complète entre les gamètes et la cellule structurellement nouvelle résultant de leur fusion ; de cette cellule à l'adulte, l'unité et la continuité d'un individu demeurent intactes, en passant d'abord par les différents stades préparatoires à la formation de l'embryon, puis l'embryon lui-même, ensuite le foetus, le nouveau-né, le nourrisson, l'enfant et l'adolescent. « Il est évident qu'un changement comme celui de la puberté se prépare à tout instant depuis la naissance et même avant la naissance . . . », notait pertinemment Bergson dans l'*Evolution créatrice*. L'évènement de la naissance, tout en marquant une étape capitale et clairement définie de l'évolution de l'individu, n'y introduit pas la moindre rupture, et n'apporte aucune modification à son essence même.

Les Anciens avaient déjà conscience de ce fait, bien que leurs connaissances aient été très restreintes sur la partie de l'évolution de l'individu qui précède la naissance; seule l'existence de l'embryon avait été perçue, sans que son origine précise ni sa constitution initiale aient pu être définies. Ils avaient seulement la notion, et c'est déjà considérable, que la mise en place des caractéristiques spécifiques était relativement rapide et suivie d'une longue maturation, dont les modalités demeuraient imprécises. Néanmoins, ils ignoraient tout de l'oeuf : ce fut, on l'a vu, le grand mérite de Harvey de supputer le principe de son existence là où il demeurait insaisissable. La proposition de Harvey impliquait déjà que l'embryon soit potentiellement contenu dans un oeuf dont il affirmait la constance de l'existence préalable. Cette potentialité a pour corollaire d'obliger aujourd'hui le scientifique à reconnaître dans l'oeuf fécondé un embryon potentiel ou plusieurs en cas de grossesse multiple monozygote, et, au-delà de cette étape, une ou plusieurs personnes potentielles. Il ressort une fois encore de tout ceci que, si le raisonnement doit se nourrir de l'observation, il doit aussi la dominer lorsque celle-ci paraît le contredire. Seul le raisonnement nous permet de reconnaître dans un oeuf venant d'être fécondé, un embryon, un nouveau-né et un adulte, le même être sous quatre formes différentes, plus ou moins achevées certes, mais toutes intégralement pourvues de ce qu'il recèle de particulier et de spécifique au moins sur le plan biologique, alors que c'est évident pour les deux dernières formes qui sont plus éloignées l'une de l'autre que peuvent l'être entre elles les deux premières.

*

* *

Certains auteurs, animés par le désir louable de tenir compte le plus rigoureusement possible sur le plan éthique des données biologiques, proposent de distinguer dans la vie de l'oeuf une période initiale qui dure moins de deux semaines et dont le terme semble d'ailleurs encore difficile à déterminer avec précision, durant laquelle il serait abusif de le considérer comme une personne potentielle parce qu'il peut éventuellement représenter potentiellement plus d'une personne, ainsi qu'il a été rappelé. Quelle que soit la définition qu'il convienne de donner à la potentialité de l'oeuf durant cette période pour cette raison, le fait qu'il puisse représenter potentiellement plus d'une personne ne change rien à la façon dont il doit être considéré sur le plan éthique, puisqu'il a toujours autant de prix. Cette casuistique aurait donc peu d'intérêt si elle ne concernait pas précisément la phase où l'oeuf est le plus aisément manipulable, en risquant de favoriser indûment par une atteinte injustifiée à l'intégrité de sa valeur qui est inhérente à sa nature, la prise de libertés abusives à son égard.

En effet, la potentialité de l'oeuf dont proviendront plus d'un embryon doit être considérée comme une modalité particulière de celle dont tout oeuf humain est pourvu, cette potentialité étant toujours de donner essor à un type d'individu biologiquement déterminé et spécifique de cet œuf. Ce qui importe sur le plan éthique, c'est que l'oeuf humain représente en puissance un type de personne biologiquement déterminé, la modalité simple ou multiple de cette potentialité étant contingente.

Il est beaucoup plus urgent de dénoncer la difficulté qu'éprouve le biologiste par la nature même de son activité et la tournure d'esprit qui en résulte, à tenir compte de la potentialité de l'oeuf, quelle qu'en puisse être la définition précise, au stade où la personne humaine est strictement potentielle, c'est-à-dire dénuée de toute expression objective. La difficulté est en effet moindre lorsque l'individu a déjà dans l'oeuf une certaine expression, si peu suggestive qu'elle soit, mais dont la réalité n'en est pas moins objective. La prise en considération de ce dernier stade, qui est inévitablement privilégiée, risque de nuire à la juste appréciation du précédent qui ne relève que du raisonnement pur. Le risque est grand de la part du biologiste, enclin dans l'appréciation d'un phénomène à prendre en compte surtout ses manifestations physiques, ainsi qu'il a été dit à propos du vocabulaire scientifique.

Le praticien spécialisé dans la surveillance du processus de la génération chez l'homme et le traitement de ses défectuosités est exposé au même risque, mais en outre, la rectitude de son jugement est menacée, quel que puisse être son souci de la préserver, par les pressions qu'il subit du fait de son activité. Même s'il est exempt de la suspicion de chercher une justification au refus d'une entrave à ses exploits, son désir louable de secourir chaque cas particulier en fonction des aspirations physiques et spirituelles que celui-ci présente, cède difficilement à des objections découlant de faits qui ne se situent pas à l'échelle de l'homme.

*

* *

La période durant laquelle il persiste une part d'incertitude sur la potentialité de l'oeuf, est aussi celle qui précède sa nidation dans la muqueuse utérine. Les rapports entre l'oeuf et l'organisme maternel sont donc au cours de cette période moins étroits qu'ils vont le devenir par la suite. Ce trait doit-il être pris en compte dans la façon de considérer l'oeuf sur le plan éthique, et, de ce fait, s'ajouter à la part d'incertitude qu'offre alors sa potentialité, pour tendre à réduire sa valeur sur ce plan au cours de cette période ?

L'oeuf se trouvant avant la nidation dans la lumière des voies génitales féminines profondes, est dans un milieu totalement régi par l'organisme maternel. Il est donc déjà en rapport de façon intime et exclusive avec l'organisme maternel par ce milieu, auquel il est d'autant plus lié que la fécondation s'y est accomplie. De plus, il paraît fort aventuré d'admettre a priori qu'à partir de la fécondation, les rapports de l'oeuf avec ce milieu se réduisent à un contact mécanique, qui de toute façon n'est pas inerte, puisque l'oeuf est propulsé vers l'utérus. Ce dernier point est important dans la façon de concevoir les rapports entre l'organisme maternel et l'oeuf à ce stade : il prouve que l'ovule après sa ponte, puis l'oeuf fécondé, ne cessent pas d'être pris en charge par l'organisme maternel, avec les conséquences que cette constatation implique sur le plan éthique. La relation de l'oeuf avec le milieu où il se trouve alors est d'autre part de plus en plus étroite avec la fragilisation de la membrane pellucide qui l'entoure, et devient de toute évidence active à la déhiscence de cette membrane qui précède la nidation. Les cellules périphériques de l'oeuf au stade blastocyste, constituant précisément le "trophoblaste", sont en effet déjà distinctes avant la nidation, or ces cellules ont pour vocation d'assurer les échanges de l'oeuf avec son environnement.

D'autre part la nidation est un phénomène très progressif, qu'il soit considéré dans son ensemble ou dans le détail microscopique des structures d'échange avec le milieu sanguin maternel. A quel moment dans ces conditions conviendrait-il d'admettre que la nidation apporte un changement déterminant dans la vie de l'oeuf au point de devoir modifier la façon de le considérer sur le plan éthique, si ce doit être le cas ?

Enfin la nidation s'effectue alors qu'aucune différenciation nerveuse n'est de toute évidence suffisamment poussée pour que la plus ténue des réactions fonctionnelles soit envisageable au sein des éléments précurseurs de ce tissu. Aucun aspect relationnel de la nidation, où le tissu nerveux serait obligatoirement concerné, ne peut avoir de fondement objectif jusqu'à ce que ce tissu ait atteint un développement suffisant, et corrélativement l'absence d'une relation de ce type ne saurait caractériser le temps précédant la nidation. Au total, la situation de l'oeuf avant la nidation ne peut donc avoir aucune incidence négative dans la façon de le considérer sur le plan éthique, indépendamment du caractère contestable du seul principe de sa prise en compte. A ce propos, il convient de dénoncer la duplicité susceptible de demeurer inconsciente qui consisterait à dénier à l'embryon la liberté de vivre, parce qu'il n'a encore aucune autonomie dans l'accomplissement des fonctions vitales en tant qu'individu, en étant à cet égard totalement sous la dépendance de l'organisme maternel, et de dénier à l'oeuf avant la nidation cette même liberté, parce que les conditions de cette dépendance n'ont pas encore revêtu leur expression maximale.

Toutes les équivoques étant dissipées à propos de ce que représente l'oeuf fécondé au regard de l'homme, aussi bien au stade de la cellule initiale qu'à ceux qui lui succèdent avant que l'embryon soit constitué, les données scientifiques constituant des repères dans une prise de position éthique à l'égard de cette entité se dégagent clairement. Ce sont les repères obligés de toute position éthique, quelle qu'elle soit, à l'égard de cette entité, qu'ils soient reconnus comme tels ou qu'il en soit fait abstraction ; leur portée peut être diversement appréciée, et même considérée comme nulle, mais leur existence est irrécusable, en vertu du caractère irréfutable des données scientifiques qui les constituent. Le premier de ces repères est la singularité au sens strict, de l'oeuf humain à partir de la fécondation, en ayant vocation d'être à l'origine d'un type biologique humain déterminé et unique en vertu de sa constitution génique qui lui est propre. Le second repère est la permanence d'une identité de la fécondation à la naissance en vertu de la continuité du développement embryonnaire. Enfin le dernier est l'illustration au départ du développement même par les caractères de la cellule initiale du bien fondé de la prise en considération du principe de potentialité dans celui-ci sur le plan scientifique, et, de ce fait, sur le plan éthique.

Le rôle du biologiste se limite en tant que tel à tenter de mettre en lumière ces repères, la définition de l'attitude qu'il convient d'avoir à leur égard, aussi bien en général que dans l'infinité des cas particuliers, ne relève pas seulement de données issues de son domaine. De plus, la mise en oeuvre de techniques scientifiques nouvelles et de plus en plus sophistiquées en matière de génération, peut à tout moment faire passer au second plan, et même tomber en désuétude, certaines pratiques, dont la réprobation devient ainsi d'autant moins opportune que d'autres problèmes plus aigüs peuvent surgir et réclamer plus d'attention. L'application des techniques de clonage pourrait offrir un exemple de cette éventualité.

*
* *

Nous pouvons nous tourner à présent vers l'autre volet de ce chapitre : les rapports entre la cellule initiale et l'embryon. Ce second volet est en réalité celui de la relation de la cellule initiale avec l'homme, par l'intermédiaire de l'embryon, cette cellule représentant la charnière qui l'unit au volet symétrique de sa relation avec l'homme par l'intermédiaire des gamètes. La pièce maîtresse de ce nouveau volet est donc l'embryogenèse, comme la fécondation était celle du précédent.

Les Anciens connaissaient seulement de ce volet les manifestations de la morphogenèse, en particulier le début du modelage de la région cervico-céphalique et la pousse des membres avec leurs segments. Comme ils n'avaient d'autre part que la notion d'une "conception" dont les modalités n'étaient pas définies, ces manifestations constituaient le seul repère fiable dans le processus de la génération ; ce qui justifie la démarche d'Albert le Grand, telle que nous l'avons vue. Ce repère est précédé à présent par celui de l'embryogenèse, mais ce dernier n'est pas, et il s'en faut, aussi marquant et précis que la fécondation.

La partie de l'oeuf à l'origine de l'embryon ayant pris la forme d'un "disque" fait de deux couches superposées et distinctes de cellules, l'ectoblaste et l'entoblaste, l'apparition sur l'ectoblaste de la "ligne primitive", qui désigne l'axe céphalo-caudal du futur embryon, est précédée de modifications de l'entoblaste, dans la région qui se trouvera par la suite légèrement en retrait du pôle céphalique. Il semble donc que ce soit là que commence l'expression des gènes déterminant l'embryogenèse, mais la détection de l'origine et du début précis de cette expression est subordonnée aux moyens dont on dispose dans l'exploration du phénomène. Il est remarquable néanmoins que la région en question corresponde très globalement sur l'embryon, une fois celui-ci constitué, à celle qui, ayant été qualifiée de "branchiale", est caractérisée au début de la morphogenèse par un type particulier de segmentation qui revêt des caractères primitifs et dont les effets sont en partie transitoires, le terme de "segmentation" étant repris à nouveau dans son acception la plus générale. Or les découvertes de E. B. Lewis montrent précisément l'intervention précoce dans le développement des gènes "homéotiques" régissant la segmentation. Ceci suggère un lien entre la topographie de la première expression décelable au microscope de la différenciation proprement embryonnaire, et la segmentation particulière dont la partie correspondante de l'embryon est le siège ensuite. L'éventualité d'un tel lien s'accorderait avec l'impression qui se dégage déjà, ainsi qu'il a été vu, de l'analyse du développement ultérieur de cette région : à savoir qu'elle représente à la fois la base et le départ de l'organisation de l'ensemble du corps. Au sujet de l'embryogenèse et de la chronologie de sa première expression, un autre point doit être pris en compte. La disposition des membranes au cours des gémellités monozygotes tend très fortement à prouver que la plupart du temps, les embryons proviennent de "boutons embryonnaires" distincts, c'est-à-dire d'amas de cellules séparés avant la formation du disque embryonnaire. On admet même que certaines de ces gémellités résultent d'un développement distinct des deux premiers blastomères. Dans ces dernières éventualités, la potentialité de l'oeuf apparaît déterminée avant l'embryogenèse au sens strict. L'embryogenèse est donc un repère moins précis et explicite que la fécondation, dont il dépend de surcroît ; ce qui affaiblit sa valeur par rapport à cette dernière sur le plan éthique. On ne saurait de ce fait envisager de période entre la fécondation et l'embryogenèse où l'oeuf n'aurait pas acquis toute sa valeur sur le plan éthique, puisque sinon les manifestations de l'embryogenèse au sens strict, mais au moins ses prodromes peuvent y être discernables.

La morphogenèse ultérieure en revanche conserve une importance certaine dans la façon de considérer l'embryon sur le plan éthique, en ce sens qu'elle demeure une étape marquante dans le passage de la potentialité à la réalité. La morphogenèse tenait sur ce plan, comme dans tout ce qui a trait à l'embryologie, une place primordiale au temps d'Albert le Grand en vertu de son accessibilité et de la facilité relative de son appréciation objective, indépendamment de toute considération touchant les rapports éventuels entre les notions d'âme et de forme, demeurés présents à l'esprit depuis l'Antiquité. L'usage du terme de "morphogenèse", qui date du XXe siècle, à propos d'Albert le Grand, peut faire figure d'anachronisme ; mais, en l'absence du microscope et de toute notion touchant les cellules et les tissus, ce qu'il recouvre représente l'essentiel de l'embryologie alors accessible. Il est très caractéristique qu'en 1931, donc peu de temps après l'apparition du terme, A. Delorme l'ait utilisé dans le titre même de son étude sur l'embryologie d'Albert le Grand : *La morphogenèse d'Albert le Grand dans l'embryologie scolastique.* Aujourd'hui il semblerait que ce doive être l'organogenèse simultanée, en particulier le développement du système nerveux qui importe davantage sur le plan éthique, alors que la mort se définit par la cessation de l'activité cérébrale. Toutefois, il y a là une difficulté. Le développement du système nerveux de l'homme est caractérisé par son ampleur, en particulier au niveau cérébral, mais aussi corrélativement sa lenteur. La prise en considération exclusive de ce développement risquerait de fausser l'appréciation du niveau de celui globalement atteint par l'embryon. Les moralistes qui ont noté, comme le fit La Bruyère, que l'on "ne se sent pas naître", paraissent rares ; ce qui est étonnant étant donné le caractère saillant et la constance de ce fait, dont certains ont peut-être pensé qu'il s'agissait d'une affaire de mémoire, mais ceci ne change rien à sa portée. Personne pour autant n'a songé à mettre en question la plénitude de la valeur humaine du nouveau-né. Sur quels critères serait-il possible de prendre appui pour repérer un seuil déterminant sur le plan éthique dans le développement du système nerveux ? Des critères uniquement moteurs semblent très grossiers, et inadaptés lorsque l'on songe aux insuffisances motrices persistant encore chez le nouveau-né, avec leur séméiologie précise et fiable. Il convient donc de retenir que les progrès de l'embryologie ont confirmé les vues anciennes dont Albert le Grand se fait l'écho en tentant de les préciser, à savoir que le second mois de la gestation représente un tournant décisif dans le développement de l'embryon. Ce n'est toutefois qu'au XIXe siècle que seront obtenues des précisions sur l'organogenèse qui évolue rapidement, avec en particulier la mise en place des différentes parties de l'encéphale, au cours de cette période. On peut estimer que, si l'on reconnaît l'obligation du respect de la vie et de la personnalité humaine, sa transgression qui est aujourd'hui scientifiquement établie à partir de la fécondation, change effectivement de caractère au-delà du second mois en vertu du degré qu'elle atteint alors dans son accomplissement.

D'une façon générale, les progrès effectués dans la connaissance de la génération, c'est-à-dire les progrès de l'embryologie entendue au sens large, justifient les exigences éthiques ancestrales dans le cadre de la conception que l'humanité a toujours eue d'elle-même à travers son histoire. La possibilité nouvellement offerte d'effectuer certaines manipulations n'est pas une raison suffisante pour mettre en question les principes anciens qui impliquent leur interdiction en dehors de circonstances bien définies, d'autant plus que les progrès de la science proprement dite, distincts du développement des techniques, tendent parallèlement à confirmer le bien fondé de ces principes, indépendamment de toute considération idéologique. À ce propos, il est encourageant que la science, en tant que connaissance de la nature, vienne à l'appui des lois de la morale, pour ceux qui croient en leur caractère révélé. L'Embryologie est encore exemplaire sur ce point, qui, déjà, de ce seul fait, devait être abordé.

*

* *

Quoi qu'il en soit des incidences sur le plan éthique du développement embryonnaire constituant le second volet des rapports de la cellule initiale avec l'homme, cette partie du développement de l'individu est d'autre part privilégiée, aussi bien par l'importance de ce qui est acquis sur le plan scientifique à son sujet, que par l'intérêt de ce qu'elle recèle encore à découvrir, mais que l'on peut entrevoir de façon récente. Le prodige du passage de la cellule initiale à l'embryon est d'autant plus saisissant qu'il repose en fin de compte sur la conjonction des trois processus inhérents à la vie cellulaire qui nous sont très familiers dans leur principe : la croissance résultant de l'assimilation, la division et la différenciation. Néanmoins à ces processus généraux, s'ajoute la migration qui est particulière à certaines catégories de cellules au cours du développement, mais est aussi importante, car, outre qu'elle témoigne de l'individualité de ces cellules, elle leur permet, au moins dans certains cas, de jouer à un endroit déterminé de l'embryon le rôle qui leur est spécifique dans l'organisation du développement auquel elles participent. D. Poswillo était amené de façon significative à prendre appui sur ces processus dans une étude sur les mécanismes et la pathogénie des malformations qu'il publia en 1976 dans le *British Medical Bulletin*. Cet auteur ramène ces processus à trois : la prolifération cellulaire, la migration, qu'il met ainsi en seconde place, et la différenciation, la prolifération résultant elle-même évidemment de la conjonction de la croissance par assimilation et de la division. Malgré cette évidence, il demeure préférable ici pour deux raisons de faire état séparément des deux processus dont l'association aboutit à la prolifération. Tout d'abord ces deux processus sont marqués chacun de façon différente, par la participation du matériel génétique de la cellule. D'autre part ces processus étant envisagés séparément, leur intervention constante au cours de la vie, aussi bien en dehors du développement qu'au cours de celui-ci, ressort bien mieux que si l'on envisage d'emblée la prolifération qui résulte de leur combinaison intensive, caractéristique du développement. Etant donné que la différenciation cellulaire est également un phénomène constant au cours de la vie, la migration cellulaire est le seul processus qui soit particulier au développement, tout au moins dans la forme qu'il y revêt, ce qui le désigne comme une des clefs de son accomplissement. Or cette particularité des migrations au cours du développement n'apparaît clairement que si l'on considère son corollaire, c'est-à-dire le caractère général de tous les autres processus ; ce qui est d'autant plus opportun que ce fait est d'autre part important par lui-même. Claude Bernard écrivait à ce propos en 1875, dans un article intitulé *Définition de la vie* : « Les phénomènes de régénération, de rédintégration, de réparation qui se montrent chez l'individu adulte sont de la même nature que les phénomènes de génération et d'évolution par lesquels l'embryon constitue à l'origine ses organes et ses élémens anatomiques. L'être vivant est donc caractérisé à la fois par la génération et par la nutrition ; il faut réunir et confondre ces deux ordres de phénomènes, et, au lieu d'en créer deux catégories distinctes, nous en faisons un acte unique dont l'essence et les mécanismes sont tout pareils. »

La division cellulaire offre d'autre part cette particularité que la participation du matériel génétique de la cellule y est non seulement active mais aussi passive. Cette participation passive est paradoxalement la plus apparente : c'est même ce qui a permis de détecter la présence de ce matériel génétique dans la cellule, puis de l'identifier comme tel, bien avant que l'on parvienne à saisir ses fonctions dans la planification de la synthèse protéique. Toute la préparation de la division cellulaire proprement dite est centrée sur la duplication et la répartition rigoureuses de ce matériel. De même, la reconstitution d'un génome caractéristique de l'espèce dans la cellule initiale à partir des gamètes, telle que É. van Beneden l'a mise en lumière, est particulièrement suggestive du rôle déterminant de ce génome dans le développement ultérieur. Ainsi, la façon dont apparaît le matériel génétique au cours de la multiplication cellulaire et la fécondation, avait laissé présager depuis longtemps de la place qu'il occupe dans le développement embryonnaire. Le recueil de monographies issu du symposium de la *British Society for Developmental Biology* qui s'est tenu en 1983, donc un siècle exactement après la publication de van Beneden, reflète constamment cette évidence, avant que E. B. Lewis, C. Nüesslein-Vohlard et E. F. Wieschaus n'en apportent récemment la confirmation par la découverte de gènes responsables. Les contributions à ce recueil de K. Sander et de E. H. Davidson, utilisant respectivement comme matériel d'expérimentation la drosophile et l'oursin, sont explicites sur ce point. Davidson en particulier, après avoir rappelé la portée considérable des travaux de É. van Beneden, fait état de la perspicacité à ce sujet de Theodor Heinrich Boveri, personnalité saillante de l'Université de Würzburg au début du siècle. Cet auteur écrit à ce propos : “From his own researches, and perhaps most important, his generalised interpretations, derive the paradigms that underlie modern inquiries into the genomic basis of embryogenesis. Boveri concluded that genes control all (sic) the properties of the embryo, early and late, including the processes of embryonic differentiation.” La division cellulaire, si bien étudiée par Boveri qui introduisit le terme de "centrosome", n'est pas en effet le seul processus qui soit l'expression du rôle du génome dans le développement ; non seulement la croissance, mais aussi la différenciation est liée à la synthèse protéique qui est totalement régie par le génome. La différenciation cellulaire demeure néanmoins celui qui recèle encore le plus de mystères, les deux autres étant élucidés aujourd'hui pour l'essentiel, mais après avoir réservé des surprises riches de signification.

*

* *

Nous avons noté au début de ce chapitre, qu'aucun esprit n'avait imaginé la cellule avant sa découverte. En effet, personne n'avait formulé l'hypothèse de l'existence concrète d'éléments individualisés constitutifs des différentes espèces, se situant sensiblement au même ordre de grandeur à travers le monde vivant et offrant plusieurs caractéristiques constantes. De ce point de vue, la biologie n'a pas eu, comme la physique avec l'atome, son Démocrite, étant entendu qu'il s'agissait plus pour ce dernier d'une prise de position conceptuelle que de la reconnaissance d'une unité de matière organisée. Néanmoins nous nous sentons d'autant plus autorisés à attirer l'attention sur ce fait que nous trouvons sous la plume d'un biologiste éminent tel que François Jacob dans l'introduction de son essai intitulé *La Souris, la Mouche et l'Homme* cette remarque : « Au milieu du siècle dernier, la mise en évidence des cellules démontrait l'unité de construction, en quelque sorte *l'atome du vivant.* » (La dernière partie de la citation étant soulignée par nous.) Cette remarque est très significative du regard actuel du biologiste, que ce soit celui du chercheur éminent ou du simple usager comme nous, sur la matière et les rapports entre ses formes vivantes et non vivantes, qui se dessinent avec plus de netteté et de précision, tout en continuant de poser des questions. Ce regard est très différent de celui du philosophe jusqu'à une époque relativement récente, et la critique fort opportune nous a été faite de ne pas avoir tenu compte en particulier de l'apport de Kant à ce sujet.

Kant prit des notes durant les dernières années de sa vie, donc autour de la fin du XVIIIe siècle, sur les sujets qui continuaient de le préoccuper en se situant en quelque sorte dans le prolongement de ses célèbres ouvrages, et qu'il voulait approfondir en leur appliquant dans toute sa rigueur la même manière de penser. Parmi ces notes, qui furent par la suite réunies sous le titre d'*Opus postumum,* quelques-unes ont trait en effet à ce qui caractérise et différencie ce qui nous apparaît à une vue cavalière et rapide, mais non sans fondement pratique, deux formes distinctes de la matière, la vivante et l'inerte. Il est possible à travers ces textes, en dépit de leur caractère fragmentaire et en quelque sorte préparatoire à des projets plus élaborés, en dépit aussi des aléas inévitables d'une traduction difficile, fût-elle de la plus haute qualité, d'appréhender la pensée de Kant sur la question.

Kant distingue « les corps naturels organiques » et « inorganiques » (Trad. Fr. Marty P.U.F.), remarquant qu'il serait conceptuellement contradictoire de distinguer matière organique et inorganique, ce dont on fait constamment abstraction. Le corps naturel organique étant défini comme un corps « dont chaque partie existe à l'intérieur d'un tout en vue de l'autre », l'idée d'une organisation constituée d'unités dotées d'un certain pouvoir et coordonnées dans leur action est en germe dans cette définition et son contexte. Le concept de la cellule est ainsi suggéré, sans qu'aucun de ses caractères physiques ne soit évoqué. Il est saisissant à ce propos que Kant soit amené quelques lignes plus loin à constater : « Il faut que soit admis un être simple, par suite immatériel, soit comme part du monde sensible, soit différent de lui, comme moteur hors de ce corps ou en lui (car la matière ne peut pas s'organiser elle-même et agir selon ses fins) ». Est-il nécessaire d'attirer l'attention sur la portée de ces dernières propositions, étant donné leur auteur, au regard d'un certain rationalisme ?

*

* *

Quoi qu'il en soit de l'apparition du concept de la cellule, une fois celle-ci repérée puis aussitôt épiée, son exploration par des moyens de plus en plus sophistiqués a révélé une subtilité dans son organisation, qu'aucun biologiste n'avait soupçonné. La découverte des acides nucléiques messagers et de leur rôle, à laquelle François Jacob a pris part avec J. Monod et A. Lwoff, est à ce propos exemplaire. Le biologiste belge Ch. de Duve, célèbre pour avoir identifié un organite de la cellule, le "lysosome", remarque en biochimiste, dans un ouvrage qu'il rédigea en anglais, mais dont la traduction en français, sa langue maternelle, par A. Amar-Costesec, est accompagnée de l'expression émouvante de sa satisfaction : « Il n'est pas exagéré de dire que derrière chaque activité des cellules vivantes se trouvent une ou plusieurs protéines spécifiques, ou, pour dire les choses autrement, que la vie est essentiellement l'expression des protéines. » Or cet auteur ajoute : « Si l'on nous demandait de proposer un mécanisme chimique pour ce processus, nous pourrions invoquer l'attraction du semblable par le semblable, la force qui se cache derrière la cristallisation, comme le fit le biochimiste américain Félix Haurowitz, il y a un peu plus de trente ans. Nous nous tromperions. Les instructions sont codées, fournies par un type de molécule complètement différent, appartenant à la classe des acides ribonucléiques (ARN), et nommé fort à propos ARN messager (ARNm). En réalité il ne s'agit pas de copie, mais bien de traduction. »

A l'anatomiste du XIXe siècle qui se désolait – à moins qu'il ne s'en targuât – de n'avoir jamais observé la trace de l'esprit "sous son scalpel", le biochimiste du siècle suivant pourrait faire remarquer qu'il constate néanmoins un code au sein même de la matière vivante. Un code est déjà une forme élémentaire de langage : de Duve ne s'est pas privé d'en faire état dans ses conférences de Noël à l'Université Rockefeller qui sont à l'origine de l'ouvrage dont les citations précédentes sont extraites. Bien sûr, il serait facile à ceux qui seraient tentés de le faire, de tourner en dérision, sinon les propos de Ch. de Duve, du moins notre façon de les présenter, en nous taxant de prêter au simple code en question, qui reste évidemment élémentaire et restreint, une portée démesurée. Il reste qu'il y a là, matière à méditation, et surtout, quoi qu'il en soit, de telles surprises laissent penser que les modalités de l'action du génome dans la morphogenèse peuvent en réserver d'autres encore.

*

* *

Le développement embryonnaire ressemble à un puzzle dont des pans entiers sont déjà assemblés, le plus considérable étant le dernier monté par les trois auteurs déjà cités, qui apporte une large révélation des bases génétiques du développement depuis longtemps pressenties. Un des aspects les plus frappants de ces découvertes est la place qu'y tient, de façon au demeurant parfaitement logique, la segmentation ou plus exactement la métamérisation, c'est-à-dire la répétition d'unités de constitution semblable, que l'on tend à perdre de vue trop facilement en médecine, en dehors de la séméiologie nerveuse. La diffusion de ce type d'organisation à travers le règne animal avec la variété de ses expressions retient pourtant l'attention. Le fait que la recherche ait abouti avec un matériel d'expérimentation où la segmentation est à la fois restreinte et très accusée, comme c'est le cas d'un insecte, est aussi évocateur de l'importance de cette disposition. D'autres fragments du puzzle assemblés plus anciennement n'ont pas pour autant perdu leur intérêt, le plus notable étant celui qui fit la célébrité de son inventeur, Hans Spemann, dans l'entre-deux-guerres. Les travaux de cet auteur et de l'école allemande à cette époque en général, tiennent encore une place majeure dans le recueil de monographies cité précédemment : non seulement une étude de T. J. Horder et P. J. Weinding leur est entièrement consacrée dans cet ouvrage, mais il en est question à d'autres endroits, notamment dans l'étude de J. Brachet, le fils de l'embryologiste belge auteur d'un traité cité dans un précédent chapitre, cette étude portant de façon opportune en l'occurrence sur la nécessité d'associer les pratiques de plusieurs disciplines pour pénétrer un phénomène embryologique. Les travaux de Spemann peuvent donner l'impression d'avoir fait long feu, d'autant plus que la notion d'induction, qui représente une part essentielle de leur apport, tend à perdre son éclat en devenant familière ; mais ce n'est là qu'une vue superficielle. Il serait inconsidéré de penser que l'école allemande d'embryologie avec Spemann et ses collaborateurs, de même que la belge avec A. Brachet, son fils, son disciple Dalcq et d'autres encore, n'ont pas su persévérer dans la voie tracée par leurs chefs de file respectifs, Boveri et É. van Beneden.

Comme c'est le plus souvent le cas, la recherche dans ce domaine n'a pas progressé logiquement par rapport à l'objet sur lequel elle porte, mais en fonction de son accessibilité. Les expériences de greffes embryonnaires effectuées par l'école allemande dans la première moitié du siècle précédent ont en effet révélé le trait essentiel du contrôle génétique du développement embryonnaire, sans que ce contrôle même en ait été alors pour autant confirmé. Les gènes responsables et leur action spécifique, sont ainsi restés méconnus jusqu'à ces derniers temps, leur abord relevant de techniques différentes de celles de l'embryologie proprement dite. Les progrès récents effectués à ce sujet l'ont été par la pratique d'une autre discipline, la génétique, qui prend elle-même appui sur la chimie moléculaire, en offrant un nouvel exemple du caractère artificiel de la délimitation des disciplines déjà évoqué dans un précédent chapitre. Néanmoins les expériences de greffes embryonnaires ont apporté la preuve que l'ensemble du développement n'est pas déterminé à son départ, mais qu'il se détermine au fur et à mesure qu'il se poursuit, alors que la présence de l'intégralité du matériel génétique, support de l'hérédité, dans la cellule initiale et les blastomères qui en dérivent eût permis d'envisager une programmation complète. Il n'y a dans le développement embryonnaire ni programmation ni récapitulation, qui sont des produits imparfaits de l'esprit humain absents dans la nature ; un individu ne se développe pas suivant un plan caractéristique de l'espèce à laquelle il appartient, ni suivant le schéma condensé du déploiement des espèces jusqu'au niveau théoriquement supputé où se situerait la sienne, mais l'espèce est réinventée dans chaque individu, dont l'individualité demeurant ainsi préservée, s'affirme au terme de ce développement.

*

* *

La pénétration du mystère du développement embryonnaire ne peut se faire que par la conciliation des deux données acquises qui semblent à première vue s'opposer : d'une part l'action de gènes identifiés, ou en voie de l'être, qui sont omniprésents dans les cellules de l'oeuf dès la première d'entre elles, et d'autre part la subordination de cette action au stade de développement auquel se situe l'oeuf ou l'embryon, subordination qui ne s'exerce pas seulement sur le plan temporel mais aussi spatial dans l'embryon, sauf pour les gènes dont l'expression porte sur l'ensemble de l'embryon comme ceux, récemment découverts, qui déterminent les axes et dont l'expression est initiale. Dans le cadre ainsi sommairement esquissé vient se placer le rôle organisateur de cellules, ou plutôt de tissus au sens le plus large, qui sont les véhicules d'une expression génétique particulière, dont ils font porter les effets par migration à distance de leur point d'origine, dans un endroit déterminé de l'embryon. D. M. Noden a mis en lumière un exemple remarquable de ce mécanisme en prouvant que l'ectomésenchyme issu des crêtes neurales est pourvu du pouvoir morphogénétique spécifique d'un segment primitif dit "branchial" suivant son point d'origine sur les crêtes, ce pouvoir étant présent avant l'essaimage du tissu. Ceci illustre d'autre part le rôle essentiel de la segmentation dans la morphogenèse, tel que les dernières découvertes en génétique le confirment ; de plus il suggère le rôle prééminent dans l'organisation de l'embryon des crêtes neurales, et il est vraisemblable que d'autres phénomènes comparables seront retrouvés en particulier dans l'organogenèse entoblastique.

Toute donnée génétique, obligatoirement présente dans la cellule initiale, pour avoir son expression dans l'individu, a une destinée déterminée dans le développement de celui-ci, même si elle n'y joue pas un rôle actif. Ceci revient à dire que toute donnée génétique a nécessairement une incidence embryologique, fût-elle strictement passive, comme peut l'être par exemple la détermination de son site d'expression dans l'organisme. De ceci il résulte qu'une manipulation génétique aboutissant à la création d'animaux de laboratoire dits "transgéniques", fait de ceux-ci un outil privilégié de l'exploration du développement embryologique. Ce n'est pas un hasard si, dans de telles expériences, les dérivés des crêtes neurales tiennent une place importante, comme nous avons eu l'occasion de le vérifier nous-même, au cours d'un travail collectif.

La façon dont le développement embryonnaire est régi par le matériel génétique, suivant laquelle aucune étape ne peut être sautée, puisqu'elle commande la suivante en y permettant une nouvelle expression génétique modulée sur le plan spatial aussi bien que temporel, est une illustration éclatante de "l'évolution créatrice", telle que l'a conçue et mise en lumière Bergson dans l'ouvrage ainsi intitulé. Cette conception d'une "évolution créatrice" et irréversible est inséparable de celle, aujourd'hui triomphante, que cet auteur a livrée du temps, le développement embryonnaire se révélant à l'image de l'univers dans lequel il s'accomplit.

CHAPITRE IX

LE TEMPS EN EMBRYOLOGIE

Où l'embryologiste rejoint le philosophe et le physicien réconciliés.

De tous les biologistes, l'embryologiste est celui qui est confronté de la façon la plus constante à cette notion aussi familière qu'indéfinissable : le temps. Il ne peut de ce fait ignorer les difficultés que cette notion soulève en général, et demeurer étranger à la façon dont les usagers des autres disciplines la considèrent et la traitent. Il apparaît immédiatement que l'incidence du temps n'est pas la même dans les questions qui se posent à l'ingénieur, et même au physicien ou à l'astronome au fil de leur activité, en laissant de côté les problèmes fondamentaux de la physique théorique, et, d'autre part au biologiste, en particulier à l'embryologiste. Les premiers peuvent considérer un instant dans le déroulement d'un phénomène, en faisant abstraction des caractéristiques du temps telles que nous les percevons, mais dont la signification, la portée, voire la réalité peuvent être discutées ; l'embryologiste, lui, peut aussi envisager un instant du développement embryonnaire, et il le fait constamment, mais il doit alors faire abstraction également des caractéristiques essentielles de ce développement même, à savoir sa continuité et son irréversibilité. Pour les premiers, comme le fait remarquer Bergson, les objets qu'ils étudient pourraient ne pas exister entre les instants qu'ils envisagent, d'où l'absence totale de la notion de durée sans aucun dommage dans cette façon de considérer le temps, qui s'oppose d'emblée à celle du biologiste, puisque la notion de vie est inséparable de celle de durée. Pour l'embryologiste, la prise en considération de la continuité et de l'irréversibilité du temps est particulièrement impérieuse puisqu'elles se confondent avec celles du développement embryonnaire lui-même. Si on envisage néanmoins un instant du développement embryonnaire en faisant abstraction de la continuité qui caractérise celui-ci, cette attitude implique alors impérativement la prise en considération implicite de la même manière de l'instant précédent, dont le premier envisagé dépend de façon spécifique, alors que la prise en considération d'un instant dans le déroulement d'un phénomène qui est dénué de ce caractère propre au développement biologique ne comporte pas la même contrainte. Comme il est d'autre part artificiel de considérer la durée, qui implique la notion de continuité, comme la succession d'instants distincts, l'embryologiste se trouve de ce fait constamment en but au problème posé par l'incompatibilité qui se trouve ainsi masquée et négligée.

Dès l'Antiquité, les auteurs dits "présocratiques" se sont déjà heurtés à ce problème, que depuis bien d'autres philosophes ont tenté de résoudre, sans toujours éviter de tomber dans de vains artifices de langage. De façon plus judicieuse, à l'aube de l'essor des sciences, ce qui est significatif, Léonard de Vinci se montre préoccupé par la coexistence des deux aspects du temps qui paraissent si étrangers l'un à l'autre et sur lesquels nous allons revenir, mais qu'il désigne d'emblée de façon fulgurante, lorsqu'il s'exhorte par une note jetée dans ses carnets à écrire « sur la nature du temps, distincte de sa géométrie » (Trad. Louise Servicem).

L'embryologiste est plus que tout autre confronté à cette dualité des aspects du temps. L'observateur qu'il est par excellence du temps dans sa continuité et son irréversibilité, pour le moins apparentes, d'une part ne peut les négliger et encore moins les ignorer, alors qu'il est d'autre part constamment contraint dans la pratique de sa discipline à en faire abstraction comme tout un chacun. Il est ainsi concerné plus qu'aucun autre par le problème que la reconnaissance de la continuité et de l'irréversibilité du temps soulève, et nul ne saurait lui dénier le droit de participer au débat que celle-ci suscite.

*
* *

La poursuite de la précision, qu'il jugeait insuffisante chez ses devanciers, permit à Bergson d'éviter les pièges du langage auxquels il vient d'être fait allusion. La transparence, comme on aime à dire aujourd'hui, qu'obtient ainsi cet auteur n'est pas la seule raison, avec le fait que le développement embryonnaire, tel qu'il se dessine à présent, se révèle l'illustration concrète de la conception qu'il avait de l'Évolution en général, qui nous porte à prendre appui sur lui. Cette attitude pourrait paraître l'expression d'un opportunisme servile, étant donné l'intérêt que I. Prigogine et I. Stengers ont montré de façon réitérée ces dernières années pour la conception que Bergson avait du temps, ce qui a retenu l'attention non seulement de la communauté scientifique, dont ces auteurs font brillamment partie, mais encore d'un public beaucoup plus large. Nous reviendrons sur la contribution marquante de ces auteurs à la question du temps en physique théorique, mais notre propos ne pouvant être que celui d'un modeste usager des disciplines biologiques, c'est de ce point de vue distinct de celui du physicien ou du chimiste, sur lequel nous pouvons seulement être informé sans y avoir accès, que notre adhésion aux propositions de Bergson sur le temps s'impose.

La question du temps occupe une place considérable dans la pensée de Bergson, puisqu'on la trouve à l'origine même de sa carrière et qu'elle demeure par la suite présente tout au long de celle-ci. Bergson fait état dans l'introduction de *La pensée et le mouvant*, de son propre cheminement, dont le caractère intimement vécu est confirmé par A. D. Sertillanges qui en fut un des témoins privilégiés. Ce dernier auteur précise en effet : « Henri Bergson a expliqué bien des fois, par écrit et de vive voix, à nous-même et à d'autres, comment il avait été conduit à philosopher, et pourquoi il avait pris le chemin qui devait le conduire au-delà de sa propre attente. »

« Son attrait intellectuel le portait vers les mathématiques, pour lesquelles il était excellemment doué. Seulement, fait comme il était, voulant se rendre compte de tout, il ne tarda pas à se heurter aux problèmes philosophiques posés par la mathématique même, notamment la question du temps, qui accaparerait bientôt son attention d'une façon décisive. »

En effet, la question du temps, même lorsqu'elle n'est que sous-jacente, occupe toujours une place majeure dans son oeuvre, dont les deux pièces maîtresses sont *Matière et mémoire* et *l'Evolution créatrice*. Le titre du premier de ces ouvrages, consacré à « la relation du corps à l'esprit » suivant les termes mêmes employés par l'auteur, annonce d'emblée par la façon dont le second élément est désigné, que la prise en considération du temps tient une place importante dans l'abord du sujet ; quant au second de ces ouvrages, il est en fait consacré au temps lui-même. Bergson illustre ainsi avec la question du temps en philosophie que le succès appartient en toute discipline, comme en tout art, à ceux qui savent concentrer leur effort sur ce qu'ils considèrent comme essentiel, lorsque c'est à bon escient. Ce n'est pas là toutefois la principale raison de recourir à cet auteur dans le cas présent : c'est lui qui a le mieux cerné les deux aspects apparemment contradictoires du temps, auxquels l'embryologiste est confronté.

Bergson a poursuivi avec obstination, l'analyse des données du problème que pose la coexistence des deux faces impossibles à envisager simultanément, de ce Janus énigmatique qu'est le temps. Il a tenté à travers son oeuvre, de l'*Essai sur les données immédiates de la conscience,* son premier ouvrage, où la question se dessine dès le deuxième chapitre, à *Durée et simultanéité*, réflexion suscitée par la maturation de la Théorie de la Relativité, en passant par l'*Evolution créatrice*, de faire les portraits, en quelque sorte de ces deux visages du temps, et c'est bien à la manière d'un peintre, en procédant par touches juxtaposées ou se chevauchant, dans de multiples "études", au sens que les peintres donnent à ce terme, inlassablement reprises.

*

* *

D'une part il y a l'instant, cher au physicien, parce qu'il peut être à la fois défini et représenté par une donnée numérique, susceptible à partir de là d'être manipulée comme telle, en perdant dans cette manipulation toute spécificité et toute particularité par rapport aux autres données numériques, notamment spatiales. « Et comme il est de l'essence de la physique d'identifier la chose avec sa mesure . . . », rappelle Bergson dans *Durée et simultanéité*, et plus loin il insiste : « On ne saurait trop le répéter, le temps du mathématicien est nécessairement un temps qui se mesure et par conséquent un temps spatialisé. Point n'est besoin de se placer dans l'hypothèse de la Relativité : de toute manière (nous le faisions remarquer, il y a plus de trente ans) le temps mathématique pourra être traité comme une dimension additionnelle de l'espace. » Ainsi l'essai intitulé *Durée et simultanéité*, en étant une mise au point des vues de Bergson sur le temps au regard de la Théorie de la Relativité, et la réfutation de la prise de position d'Einstein sur ce sujet, se révèle surtout en fin de compte une confirmation de ses vues initiales, auxquelles la théorie en question ne change rien d'essentiel. « Ce qu'on a pas assez remarqué, précise-t-il dans ce même ouvrage, c'est qu'une quatrième dimension d'espace est suggérée par toute spatialisation du temps : elle a donc toujours été impliquée par notre science et notre langage. Même, on la dégagerait sous une forme plus précise, en tous cas plus imagée, de la conception courante du temps que de la Théorie de la Relativité. » Il ajoute même quelques lignes plus loin : « il n'en reste pas moins que l'Espace-Temps de Minkowski et d'Einstein est une espèce dont la spatialisation commune du Temps dans un Espace à quatre dimensions est le genre. » On ne saurait être plus explicite, ni plus judicieux.

Jusqu'à l'avènement de la Théorie de la Relativité, la manipulation de cette abstraction qu'est l'instant aboutissait à un résultat qui demeurait compatible avec l'expérience que nous avons de ce qui peut être imaginé comme une ultime fraction de temps réel, approximativement équivalente de cette abstraction par rapport à la perception que nous pourrions en avoir. Une des principales difficultés que soulevait la question du temps était celle inhérente au principe même d'une telle équivalence ; mais le caractère satisfaisant du résultat de la manipulation tendait à justifier la reconnaissance de ce principe. Bergson n'a d'ailleurs jamais prétendu que cette façon de concevoir le temps, et surtout d'en manipuler la représentation ainsi établie, n'était ni justifiée, tout au moins d'un certain point de vue, ni féconde, en permettant d'expliquer, de prévoir ou seulement de décrire certains phénomènes, le développement embryonnaire étant un exemple typique de la dernière éventualité. Cette conception du temps a pu satisfaire longtemps les physiciens, sinon aussi complètement les biologistes, et encore moins les philosophes.

Avec la Théorie de la Relativité, la manipulation mathématique du temps aboutit à un résultat qui ne concorde plus avec l'expérience courante que nous en avons. Bergson y voit l'occasion d'approfondir la relation entre le temps réel, qui continue de s'imposer à son esprit, et l'abstraction que lui substituent les mathématiciens ; alors qu'Einstein y voit la preuve que le temps considéré comme réel n'est qu'une illusion, le résultat d'une manipulation mathématique correcte ayant une valeur absolue quel qu'en soit l'objet. La divergence entre Bergson et Einstein réside dans le refus de ce dernier de reconnaître la validité de l'autre visage du temps. Dans cette intransigeance, Einstein a ignoré à ses risques et périls l'avertissement d'un biologiste pénétrant, Claude Bernard, qui avait écrit dans son *Introduction à l'étude de la médecine expérimentale* : « Quand nous faisons une théorie générale dans nos sciences, la seule chose dont nous soyons certains, c'est que toutes ces théories sont fausses absolument parlant. Elles ne sont que des vérités partielles et provisoires qui nous sont nécessaires, comme des degrés sur lesquels nous nous reposons, pour avancer dans l'investigation ; elles ne représentent que l'état actuel de nos connaissances, et par conséquent, elles devront se modifier avec l'accroissement de la science, et d'autant plus souvent que les sciences sont moins avancées dans leur évolution. » (Chap. II, 3) Lorsqu'il écrivit ces lignes que lui inspiraient sa vision prophétique, Claude Bernard avait assurément d'abord en vue les sciences biologiques qui lui étaient les plus chères et les plus familières, mais il est non moins évident qu'il en perçut simultanément la portée générale, ainsi que le suggère d'emblée la dernière partie de la citation.

*

* *

D'autre part il y a en effet la durée qui implique, elle, une continuité absolue et irréversible du temps. La réversibilité du temps mathématique que la mécanique newtonienne prend seulement en compte, exclut de la physique cette irréversibilité du temps auquel nous nous sentons soumis. Comme le disent Prigogine et Stengers la physique quantique et la Théorie de la Relativité sont venues consolider le principe de cette exclusion, en dépit du "scandale", suivant l'expression employée par E. Klein dans sa récente mise au point sur le sujet, que celui-ci a pu représenter au regard de certains physiciens. Ces mêmes auteurs, ainsi que Klein, font état néanmoins de l'introduction en physique dès la fin du siècle dernier avec Ludwig Boltzmann de la notion de temps irréversible à propos de phénomènes thermodynamiques. On a l'impression à la lecture de ces auteurs que Boltzmann s'est trouvé, comme von Baer, nous reviendrons sur ce point important avant de clore cet essai, dans une impasse, en se heurtant à ce que T. S. Kuhn appelle un "paradigme" alors inébranlable, sur lequel il s'appuyait lui-même. Néanmoins l'irréversibilité du temps a trouvé par la suite dans cette discipline un nouvel écho, cette fois plus ample et répété, avec d'autres auteurs, notamment Arthur Eddington, qui a introduit en physique la notion de "flèche du temps" en 1928.

Prigogine et Stengers exposent la nécessité actuelle de concilier cette "flèche du temps", qui décidément s'impose par la prise en considération de données physiques de plus en plus solidement établies, et les données expérimentales qui confirment le bien fondé de la

Théorie de la Relativité mathématiquement invulnérable. Ces auteurs indiquent même une voie vers la solution : « Ainsi, l'introduction de processus dynamiques instables permet-elle de réconcilier l'idée fondamentale d'Einstein de temps multiples attachés à différents observateurs avec l'existence d'un devenir universel défendu par Bergson. » (*Entre le temps et l'éternité.* App. I). Déjà le seul fait que ce soit la lecture d'un philosophe, avec tout ce que cela implique, qui ait inspiré Prigogine, et surtout que cet auteur avec Stengers prenne appui sur lui pour soumettre à la communauté scientifique dont il est un membre reconnu, les vues auxquelles il aboutit, n'est pas en soi le moindre évènement de la fin du second millénaire, en dépit de sa richesse en exploits techniques.

Le temps, tel que nous le percevons dans sa continuité irréversible, a préoccupé les philosophes depuis l'Antiqui- té, d'autant plus exclusivement que l'instant mathématique n'avait pas fait l'objet de l'exploitation qu'il a faite depuis la Renaissance. Parmi eux Augustin d'Hippone, auquel le physicien Klein rend hommage, a été celui qui a le mieux analysé la façon dont le temps, tout en restant impénétrable, se présente à l'esprit. Il n'est pas étonnant dans ces conditions qu'il y ait à ce sujet des points de convergence, comme l'ont souligné Prigogine et Stengers, entre Augustin et Bergson. Néanmoins Bergson bénéficie du développement pris par l'instant mathématique, qu'il utilise comme un repère, fût-il artificiel et posé par l'homme. Il est révélateur de constater la difficulté que cet auteur rencontre encore en dépit de cet avantage, à cerner le temps dans sa continuité irréversible, en parvenant seulement, mais c'est déjà beaucoup, à nous confirmer sa réalité indirectement, en quelque sorte, par le seul raisonnement, indépendamment de la perception immé- diate que chacun de nous en a, perception qui garde précisément dans sa philosophie, comme on sait, une valeur considérable. Ce, à tel point qu'il est fréquent de voir dans la reconnaissance de cette valeur l'essentiel de son message, mais elle peut être considérée aussi comme l'aboutissement d'une inspection méticuleuse de la piste offerte à l'esprit pour qu'il puisse y prendre son envol avec le maximum de sécurité. C'est pour cela, comme s'est plu à le souligner A. D. Sertillanges, que Bergson est tant apprécié de ceux qui aspirent à cet envol libératoire, tout en restant soucieux de satisfaire les exigences de la raison.

La perception de la durée est d'une certaine façon par sa constance et son universalité la base expérimentale de sa reconnaissance sur laquelle Bergson réclame le droit de prendre appui, à la condition d'entendre par perception la seule prise de conscience du fait. En vertu de la remarque de Poincaré sur l'objectivité, précédemment citée, la durée est une donnée parfaitement objective, qui ressort d'un "discours" que personne ne peut récuser. C'est bien ainsi que Bergson concevait cette perception, la durée étant par excellence une "donnée immédiate de la conscience".

La perception du temps ainsi entendue est distincte de la façon dont celui-ci est ressenti, bien que cette dernière lui soit, c'est l'évidence même, intimement liée : c'est "le temps psychologique". C'est là un exemple saisissant du fait que deux choses peuvent être absolument indissociables en demeurant parfaitement distinctes. Toute perception, tout état de conscience est empreint de quelque affectivité. La perception et la façon de percevoir sont dans la réalité indissociables : ce n'est pas un hasard si le vocabulaire sur ces points manque de précision. Certains termes sont à ce propos particulièrement ambigus. Bergson lui-même n'écrit-il pas dans *Durée et simultanéité* : « Voilà le temps réel, je veux dire perçu et vécu » ? L'expression "temps vécu" a plusieurs sens possibles ; isolée de son contexte, en particulier séparée de celle de "temps réel", elle désignerait même plutôt le "temps psychologique". Cette phrase est incluse dans un long passage qui est cité par P. Lecomte du Noüy dans un essai intitulé *Le temps et la vie*. Alors que, dans l'entre-deux-guerres, la Théorie de la Relativité était en plein essor, Lecomte du Noüy reste attentif aux objections de Bergson à la négation du temps réel qui découle de cette théorie aux yeux de son inventeur. Lecomte du Noüy ne prend pas cette attitude seulement en tant qu'humaniste amateur de conceptions esthétiquement satisfaisantes, mais surtout en tant que biologiste confronté à la réalité et sa manipulation expérimentale avec ses exigences. On ne saurait dans de telles conditions tenir la moindre rigueur à cet auteur de ne pas avoir toujours clairement distingué dans son essai le "temps psychologique" de la perception de la durée. Klein cite une déclaration d'Einstein où ce dernier met en avant le "temps psychologique" qui tend à occulter celui que Bergson a si bien vu, en affirmant : « Il n'y a pas de temps des philosophes ; il n'y a qu'un temps psychologique différent du temps des physiciens. » Klein lui-même a pris pour sa part ses précautions, en faisant précéder de très près cette citation d'Einstein révélatrice par ces lignes auxquelles sa compétence de physicien donne une résonance d'une profonde ampleur : « Á trop schématiser le temps, on laisse certainement échapper quelques-unes de ses propriétés fondamentales. Sur ce point, le débat reste ouvert : lorsque nous examinons la beauté, la puissance et l'efficacité des théories physiques actuelles, oublieuses du temps, nous ne pouvons que donner raison à Einstein ; mais lorsque nous voyons un enfant qui grandit en inventant chaque jour de nouveaux gestes, nous percevons mieux la pertinence de Bergson. » Cet enfant qui grandit, c'est celui du second volet du chapitre précédent, en parfaite continuité, comme nous avons vu Bergson lui-même le souligner dans l'*Evolution* avec l'embryon qu'il fut. L'Embryologie serait-elle, là encore, exemplaire ?

*

* *

Lorsque Gaston Bachelard dans son ouvrage intitulé *La dialectique de la durée* prête du charme à l'apologie de la notion de durée chez Bergson, il risque de nous distraire par son propre charme, qui est grand, de la reconnaissance par Bergson du bien fondé physique de cette notion. En nous entraînant dans des détours brillants par les éclats de vérité qu'ils recèlent, il tend à nous écarter sans cesse d'une réalité plus profonde que Bergson s'efforce précisément de mettre en lumière, en partie grâce à son affinité pour la biologie. Les développements à propos de la musique dans *La dialectique de la durée* sont caractéristiques de la démarche de leur auteur. Les rapports de cet art avec le temps dans ses deux aspects, l'instant avec les accords résultant de la simultanéité de l'émission de plusieurs notes et la durée indispensable à l'expression de la mélodie, sont d'autant plus complexes que les modalités de la perception interfèrent avec eux. De plus, il est particulièrement malaisé de séparer dans la perception de la musique le phénomène physique de la participation affective qu'il engendre. Bachelard profite du champ adapté aux exploits de son esprit qui lui est ainsi offert pour proposer en effet une dialectique remarquable sur certains points, mais non une critique serrée à la manière de Kant. Quoi qu'il en soit, un biologiste ne saurait envisager que la durée soit considérée seulement comme une "métaphore", les notions de vie et de durée étant indissociables.

Le développement biologique tient déjà, on l'a vu, une grande place dans la question du temps chez Bergson ;

c'est ce qui fait la force de cet auteur. La biologie est susceptible de tenir une place encore plus grande à l'avenir dans la discussion de ce sujet, qui, comme le dit Klein, reste ouverte. On ne peut qu'être frappé lorsqu'on aborde la cytologie par le fait que la surface de la membrane plasmique de la cellule, qui joue un si grand rôle dans les fonctions vitales, se présente comme une réalisation concrète du concept de surface géométrique, en étant formée par la juxtaposition des innombrables points que représentent par rapport à l'ensemble de son étendue les têtes des molécules qui constituent cette membrane en s'étendant dans le sens de son épaisseur. Cette disposition satisfait en vertu de ses propriétés mathématiques en quelque sorte, les exigences infinies d'ordre géométrique auxquelles cette surface est soumise, en même temps que toutes celles des fonctions de la cellule grâce à la constitution des molécules ainsi disposées. La surface en tant qu'être géométrique abstrait, peut être considérée, en vertu de sa définition même, comme le modèle de celle de la membrane cellulaire. Plus encore que le modèle au sens scientifique de ce terme, ne s'agit-il pas du paradigme de la surface au sens platonicien du mot, devenant alors la simple transcription du "paradeigma", tel qu'il apparaît dans le *Timée* ou la *République*, où il tend à désigner l'essence même conceptuelle et divine de la création ? Dans cette optique, la tête des molécules constituant la membrane peut être considérée d'une certaine façon comme un équivalent réel du point géométrique abstrait.

Il ne paraît pas inconcevable que, d'une manière comparable, une connaissance plus approfondie des temps nécessaires à l'accomplissement des réactions physico-chimiques dont la cellule est le siège, permette d'envisager plus concrètement une durée très brève, susceptible d'être considérée comme cet équivalent réel à notre usage auquel il a été fait allusion comme imaginaire, de l'instant mathématique. Cela semble concevable dans le domaine de la perception, mais aussi dans celui du développement embryonnaire que nous ne saurions perdre de vue ici. Le temps que met un gène intervenant dans le développement à s'exprimer à travers les étapes de sa réplication, puis du transfert du message résultant de cette dernière, enfin de l'expression plus ou moins complexe et multiple de ce message, pourrait dans une telle optique, être considéré comme un instant embryologique ; le chevauchement à l'infini de ces instants s'inscrirait alors dans la continuité irréversible du temps réel, tel que l'a vu Bergson, c'est-à-dire "temps vécu" au moins par la matière vivante, si non par un individu conscient qui pourrait le ressentir de façon variable. Une connaissance précise de ces instants pourrait même permettre d'en utiliser certains comme repères, concurremment à l'instant mathématique, dans l'approche des questions que le temps pose au biologiste comme au philosophe, qui ne font qu'un, s'ils sont vrais.

CHAPITRE X

L'HISTOIRE DE L'EMBRYOLOGIE CONFRONTÉE AUX OBSERVATIONS SUR L'ÉVOLUTION DES SCIENCES.

Le rôle joué par la communauté scientifique. L'interprétation de l'embryologie cervico-faciale et le "paradigme" en vigueur à sa découverte. Où la place du langage dans la science prend toute sa dimension.

Les aspects de l'histoire de l'Embryologie que nous nous sommes efforcés de dégager sont-ils en harmonie avec les conceptions qui tendent à s'affirmer actuellement au sujet de la façon dont les sciences évoluent en général, et auxquelles il a été fait allusion au seuil de cette étude ?

Ces conceptions sont susceptibles de revêtir des nuances différentes selon les auteurs, mais offrent sinon une unité, tout au moins une homogénéité suffisante pour qu'une telle confrontation soit plausible. T. S. Kuhn est très représentatif des auteurs ayant concentré leur attention sur le cheminement des sciences et les processus qui interviennent dans celui-ci ; étant donné qu'il bénéficie à ce titre d'une large audience auprès de la communauté scientifique internationale, il est tout indiqué de se référer à lui. Cet auteur offre de plus l'avantage d'être directement en contact avec la communauté de langue française, ses principaux ouvrages ayant fait l'objet d'une traduction en français revue par lui-même.

La confrontation ainsi envisagée est importante à différents points de vue, en premier lieu celui de son incidence dans l'appréciation de l'authenticité des aspects de l'histoire de l'embryologie précédemment évoqués, que leur présentation inévitablement entachée de subjectivité risque d'avoir altéré. Il convient donc de recenser les arguments qui peuvent plaider en faveur du caractère globalement satisfaisant de cette confrontation, comme ceux qui iraient à son encontre. Néanmoins une telle entreprise dans son principe même comportera toujours, en dépit du souci d'objectivité que l'on peut y mettre, une part d'approximation et d'incertitude qui interdit de prétendre accéder à des preuves quelconques au sujet des différents points qui seront abordés. Il est seulement possible en l'occurrence de parvenir à discerner des concordances suggestives entre les deux groupes de données soumises à une telle confrontation, sans pour autant méconnaître ou négliger les discordances éventuelles qui affaibliraient leur portée.

*

* *

Un premier point est l'importance et la complexité du rôle de la communauté scientifique que nous avons vu jouer dans l'histoire de l'Embryologie à travers les épisodes qui ont été évoqués précédemment. Bien entendu, l'expression de "communauté scientifique" désigne ici l'ensemble des personnalités concernées, de quelque manière que ce soit, au cours d'une période donnée de durée très variable, par une découverte, un sujet ou un problème scientifique déterminé, et qui en vertu de ce fait, sont intervenues à son propos ou auraient été susceptibles de le faire ; et non pas évidemment toutes les personnalités qui ont contribué à travers l'histoire, d'une façon ou d'une autre, au progrès d'une science, ce qui aboutirait à un truisme. Kuhn a beaucoup contribué ces dernières années à dégager l'importance dans l'histoire des sciences du rôle de la communauté scientifique ainsi entendue ; ce rôle a été d'autant plus facilement négligé que la communauté scientifique représente une réalité très mouvante et difficile à cerner, et qu'elle revêt des aspects très différents suivant l'époque où elle est considérée.

La communauté scientifique a exercé dès l'Antiquité sur les membres qui la composèrent une pression d'autant plus flagrante qu'elle était à cette époque relativement restreinte, assez étroitement localisée, et qu'aucune spécialisation ne venait la fragmenter. Nous avons vu qu'Aristote, qui fait déjà figure de biologiste dans une communauté de philosophes volontiers épris de mathématiques, d'astronomie et de physique, non seulement garde à propos de la biologie un langage de philosophe grâce auquel sa pensée a trouvé de son temps un écho qui lui a permis de parvenir jusqu'à nous, mais surtout use des outils du philosophe pour tenter de progresser dans le champ d'investigation biologique qui s'offre à sa curiosité, et parvient avec ces seuls outils, à poser les premiers jalons d'une voie qui sera retrouvée et poursuivie beaucoup plus tard. L'oeuvre d'Aristote apparaît de ce point de vue exemplaire de la conjonction d'une personnalité exceptionnelle dans sa particularité, et d'autre part de l'environnement intellectuel de cette personnalité, c'est-à-dire de la communauté scientifique à laquelle cet auteur appartenait. Il ne faut jamais oublier à ce propos qu'Aristote fut le disciple de Platon.

Le devenir de cette oeuvre offre par la suite un autre aspect de l'action de la communauté scientifique sur l'évolution de la science, celui de l'emploi d'un héritage scientifique qu'une telle communauté reçoit ; et là, nous voyons se dessiner l'exemple de deux usages différents d'un tel héritage par deux groupes distincts qui se forment à l'intérieur d'une communauté.

R. Huyghe a en effet montré comment deux groupes se sont ainsi formés autour de l'héritage aristotélicien à la Renaissance : le groupe de ceux qui demeurent dans la ligne du philosophe cordouan du XIIe siècle Averroès, héritier de la tradition islamique, et le groupe de ceux auxquels Aristote n'est pas parvenu tout au moins directement par cette seule voie, mais avec le concours d'autres intermédiaires, comme celui du thomisme en particulier, ou d'autres voies encore. Ces deux groupes sont mêlés dans la communauté scientifique en train de s'épanouir dans le nord de l'Italie, en particulier à Padoue. L'analyse que Huyghe fait ainsi de cette communauté scientifique est intéressante à plusieurs points de vue ; cet auteur montre en effet que la façon de considérer l'héritage aristotélicien, et de s'en servir, comme ce serait le cas de n'importe quel autre, a au moins autant d'importance que le contenu même de cet héritage, en étant susceptible d'aboutir à des prises de position opposées, bien qu'en prenant appui sur une somme commune de références. Il pouvait y avoir, et il y eut vraisemblablement parfois plus de différences dans l'attitude à l'égard d'un problème scientifique donné entre l'aristotélicien suivant la lettre et l'aristotélicien suivant l'esprit, pour reprendre les termes mêmes employés par Huyghe, qu'entre le second et un étranger, voire un opposant, au message aristotélicien.

Nous avons vu néanmoins que cette communauté était assez puissante et prestigieuse pour attirer Harvey en son sein même, et nous avons cru pouvoir suggérer qu'il eût peut-être subi son influence au sujet de la fécondation, à propos de laquelle certaines observations pouvaient paraître à l'appui des conceptions y régnant alors sur ce point. Nous voyons encore cette communauté se modifier par la suite, et, bien qu'elle se situe d'emblée largement à l'échelle européenne, la zone où elle a sa concentration maximale, on serait tenté de dire son "épicentre", se déplace vers le nord-est de l'Europe, avec la constitution dans la seconde moitié du XVIIIe siècle d'un nouveau et vaste foyer s'étendant sur plusieurs pays.

Le débat qui eut lieu en France entre temps au sujet de l'origine des malformations par rapport à l'oeuf, offre un autre aspect de la communauté scientifique et de son rôle en tant que telle, en disposant les données d'un problème dont elle définit les termes en fonction des conceptions auxquelles elle adhère, et qui conditionnent l'attitude de personnalités en son sein.

Quant au rôle de la communauté scientifique dans l'appréhension des processus aboutissant à l'embryogenèse, ainsi que des modalités de son déroulement, il se révèle absolument capital de différentes manières. Il a déjà été noté à ce propos que le découvreur d'un phénomène biologique, ou tout au moins celui qui en fait figure historiquement, n'est pas nécessairement celui qui tient rétrospectivement la place la plus importante dans cette découverte. D'autre part, une telle découverte se révèle le fruit de réactions entre la personnalité de celui auquel celle-ci est à juste titre attribuée, pour y avoir pris une part assurément déterminante, et la communauté scientifique en fonction de la façon dont elle considérait la question à laquelle la découverte se rapporte au moment où celle-ci survient. Par la suite le devenir de cette découverte, donc ce qu'elle apporte à la science, ne dépend pas seulement de la façon dont son inventeur l'a présentée à la communauté scientifique en fonction de cette dernière, mais aussi de celle dont cette communauté scientifique la reçoit. Ainsi le décryptage de l'embryogenèse, telle qu'il apparaît à travers les travaux de J. M. Oppenheimer ou d'autres historiens des sciences, ne se présente pas comme le résultat d'un processus cumulatif, où se seraient simplement ajoutés les apports des découvreurs dont les esprits feraient figure de microcosmes indépendants, mais celui d'échanges et de réactions constantes entre des personnalités certes saillantes et le reste de la communauté scientifique.

Ainsi, à travers chacun des aspects de l'histoire de l'Embryologie évoqués nous voyons non seulement se profiler avec insistance la présence de la communauté scientifique en dépit de son caractère insaisissable et mouvant, mais encore avoir un rôle propre et distinct de la somme des apports de ses membres dont l'histoire a retenu la participation. Ceci était aisément prévisible, mais n'en va pas moins dans le sens des conceptions actuelles des processus intervenant dans le cheminement des sciences, et constitue ainsi un élément préliminaire, mais important, qui tend à plaider en faveur d'une réponse positive à la question posée au début de ce chapitre.

*

*   *

En effet, Kuhn non seulement insiste sur l'action propre de la communauté scientifique en tant que telle, mais est amené à reconnaître en elle un facteur primordial dans l'évolution des sciences, dont la prise en compte est inséparable d'un nouveau concept que cet auteur a introduit dans son ouvrage intitulé *La structure des révolutions scientifiques.* Il s'agit du concept que l'auteur désigne par le terme ancien de "paradigme" dont il élargit et renouvelle ainsi la signification en la rapprochant de celle du mot grec qui est à son origine et auquel il a déjà été fait allusion. La contribution de Kuhn à ces questions, ne saurait assurément être réduite à l'introduction de ce concept, à l'égard duquel il a lui-même souhaité par la suite prendre ses propres distances, mais celui-ci n'en conserve pas moins un grand intérêt, en particulier ici, où sa prise en considération est susceptible d'apporter des éclaircissements sur la genèse des difficultés qui persistent actuellement encore dans l'embryologie cervico-faciale. Kuhn définit au début de son ouvrage le concept qu'il désigne par le terme de "paradigme" comme « les découvertes scientifiques universellement reconnues qui, pour un temps, fournissent à une communauté de chercheurs des problèmes types et des solutions ». Plusieurs traits touchant le décryptage de l'embryogenèse sont susceptibles de correspondre aux termes de cette définition.

La découverte des phénomènes qui aboutissent à l'embryogenèse se situe encore en effet dans le cadre de la reconnaissance alors relativement récente de l'unité profonde des processus vitaux. La reconnaissance de cette unité est évidemment capitale, et les découvertes qui viendront ensuite ne seront d'un certain point de vue que celles d'aspects particuliers de cette unité et de précisions la concernant. Nous avons déjà souligné que von Baer dans son mémoire de 1827 intitulé *De ovi mammalium et homini genesi* démontre l'universalité chez les vertébrés des phénomènes observés chez l'oiseau par Pander, que ce dernier auteur avait consignés dix ans plus tôt. Ainsi, un lien de plus en plus étroit s'affirme entre des êtres vivants qui paraissent très éloignés les uns des autres, et de vastes groupes s'inscrivent de façon de plus en plus précise dans l'unité de l'ensemble qu'ils forment. L'embryogenèse au sens large des mammifères et les questions que soulèvera son exploration correspondent assez bien aux "problèmes types" découlant de la "découverte universellement reconnue" de l'unité des organismes vivants.

Devant ces liens particuliers et cette unité générale, qui se confirment, la question qui s'est alors posée et se pose encore, est celle de la modalité selon laquelle la variété des multiples expressions de la vie s'est établie. Le lien qui unit toutes ces expressions peut être appelé "Évolution", et, de ce point de vue, l'Évolution est une certitude, de même que, d'une certaine façon, le milieu où elle s'est produite, puisque celui-ci est en continuité avec le nôtre dans le temps. Longtemps après les controverses du XIXe siècle, Bergson faisait remarquer rétrospectivement dans l'*Évolution créatrice* que « L'idée du transformisme est déjà en germe dans la classification naturelle des êtres organisés. » ; il n'a même pas besoin de faire appel à l'existence de l'unité d'organisation biologique commune qu'est la cellule ; mais les modalités de cette Évolution, de même que les facteurs intervenant dans son accomplissement, sont encore aujourd'hui du domaine des hypothèses. La théorie qui s'est dessinée d'abord pour tenter d'accommoder l'évidence avec tant d'incertitudes, et a rassemblé les suffrages de la communauté scientifique, fut celle qui apparut la plus immédiatement plausible au regard de cette communauté ; en l'occurrence ce fut celle qui a trouvé sa formulation quelque temps après dans la Théorie de la récapitulation, mais qui était déjà latente avant, ainsi que le confirme Cusset, et a été en fait implicitement admise précisément avec la découverte des structures embryonnaires dites "branchiales". La découverte de ces structures chez l'embryon de mammifère, avec ce qui revient à von Baer dans celle-ci, s'inscrira donc de façon immédiate, naturelle et obligatoire dans le "paradigme" ainsi échafaudé, dont elle a contribué considérablement à l'essor par la suite.

L'abandon par von Baer de l'Embryologie, qui semble bien historiquement volontaire, paraît significatif, en ayant certainement un rapport avec la situation qui est alors devenue la sienne au sein de la communauté scientifique. Sa réflexion l'a probablement placé en quelques années au-dessus de la divergence entre Reichert et Rathke, dans laquelle il se trouve néanmoins impliqué, en étant comme tout un chacun tributaire du langage. Ses fameuses propositions tendaient en toute rigueur à l'isoler et même, dans une certaine mesure, à le mettre apparemment en contradiction avec lui-même ; puisqu'il avait contribué à créer l'ambiguïté touchant les structures embryonnaires dites branchiales par ses observations sur ces structures, qui étaient justes, mais qu'il avait consignées dans les termes qui s'étaient offerts d'emblée à lui comme aux autres auteurs et faisaient référence aux branchies. Les propositions qu'il formula par la suite laissent en effet penser que von Baer a pressenti que l'interprétation qui paraissait s'imposer à propos de ces structures dans le cadre du "paradigme" alors en vigueur, ne pouvait être la bonne, sans qu'elles lui aient permis d'en proposer une autre.

*

*   *

Le but n'est pas ici de justifier indirectement l'orientation qui a été suggérée précédemment dans l'interprétation des structures embryonnaires dites branchiales. À propos d'une des études réunies dans l'ouvrage intitulé *La tension essentielle*, Kuhn expose les arguments qui vont à l'encontre de la recherche dans l'histoire d'une science de solutions demeurées inexploitées, en vue de résoudre des problèmes qui persistent. Le bien fondé de ces arguments semble évident, et d'ailleurs l'histoire même des sciences tend à le confirmer. Il s'agit donc seulement d'apprécier dans quelle mesure les propositions de cet auteur touchant le cheminement des sciences peuvent éclairer les raisons de la façon dont l'embryologie cervico-faciale est interprétée, cette interprétation soulevant des difficultés. Cet objectif, pour limité qu'il soit, tend néanmoins à promouvoir, dans la mesure où il peut être atteint, un examen critique de cette embryologie, dans laquelle des données en faveur d'une autre interprétation peuvent alors apparaître.

D'autre part, rien dans ce qui précède ne permet de préjuger que les vertus du "paradigme" auquel von Baer se serait ainsi trouvé confronté, et qui a évolué depuis, soient épuisées. Nous nous garderons de toute appréciation sur l'attitude d'un auteur comme Wintrebert, qui peut être considérée dans l'optique proposée par Kuhn comme un combat d'arrière-garde de l'adepte d'un "paradigme" dépassé, mais tout aussi bien comme une manoeuvre judicieuse et opportune pour faire rebondir celui-ci, et le rendre à nouveau fécond. Il reste néanmoins intéressant de rappeler à ce propos que l'on discerne dans les travaux de Wintrebert comme dans ceux d'Haeckel dont il se réclame, les mêmes arrière-pensées philosophiques. Nous laissons le lecteur libre d'apprécier l'incidence éventuelle de ce fait sur le plan scientifique, qu'il aura facilement tendance à considérer comme positive ou négative, selon que ses propres options dans le domaine évoqué concordent ou non avec celles de ces auteurs.

Cette tentative de confrontation entre l'épisode de l'histoire de l'Embryologie dont il est question, et les propositions de Kuhn offre en revanche un avantage. "Les découvertes universellement reconnues" constituant la base du "paradigme", et surtout les théories qui en découlent au regard de la communauté scientifique, sont ici beaucoup plus aisément accessibles que celles qui ont trait à des sciences exigeant une agilité particulière dans le maniement des mathématiques. L'intégration de cet épisode de l'histoire de l'Embryologie dans le schéma du cheminement scientifique proposé par Kuhn se fait de façon plus immédiatement suggestive que se ferait celle d'un épisode de l'histoire d'une science où les mathématiques tiennent une place importante. Les sciences biologiques semblent donc de ce point de vue plus propices aux études de ce type, qu'elles peuvent illustrer d'une manière plus évidente en vertu de leur accessibilité plus aisée. Néanmoins les historiens des sciences comme Kuhn concentrent en fait leur attention sur celles d'un accès plus difficile, parce qu'ils les pratiquent eux-mêmes ou les ont pratiquées. Ce dernier point n'est certainement pas fortuit, mais révèle que les adeptes de ces sciences sont plus attirés par ces problèmes, et peut-être plus aptes à les résoudre, que les biologistes. Ceci est à rapprocher du fait que le raisonnement garde sa primauté dans ces sciences, où la part des mathématiques est importante, pour cette raison même ; alors qu'il tend à la perdre dans les sciences biologiques, étouffé en quelque sorte par le souci obsédant d'une objectivité qui n'en devient que plus illusoire.

L'histoire de l'Embryologie illustre en effet une fois encore le fait que l'objectivité se préserve autant par le raisonnement que par l'attention et la rigueur mises dans l'observation. La conception que l'on a d'un phénomène, qu'elle ait été formulée ou non, est inséparable de son observation. L'attention ne doit pas seulement être soutenue, il faut encore qu'elle soit critique, et le raisonnement intervient dans l'observation même.

Ceci rejoint les réflexions d'Henri Poincaré sur l'objectivité. Ayant soulevé la question de ce qu'il fallait entendre par "objectivité", après avoir noté qu'il la considère comme ce qui est commun aux êtres pensants, donc de façon immédiate à la communauté scientifique, cet auteur aboutit dans son essai intitulé *La Valeur de la Science* à la conclusion : « pas de discours, pas d'objectivité ». On conviendra que discours et raisonnement sont obligatoirement liés, et ceci nous ramène au rôle du langage dans la science qui ne cesse pas d'être présent.

*

*   *

Trois aspects du rôle du langage dans la science peuvent être distingués. L'aspect le plus évident, fondamental en quelque sorte, est celui de l'expression, de la consignation et de la transmission de la pensée de caractère scientifique comme de toute pensée. C'est l'aspect dont on garde le plus aisément conscience, sa perception étant immédiatement et constamment accessible, et qui tend, de ce fait, à éclipser les deux autres que le scientifique de surcroît est peu enclin à considérer. Dans ce premier aspect, le rôle du langage se limite à celui d'un outil, qui laisse au scientifique l'illusion d'avoir la maîtrise de son maniement, en paraissant totalement asservi à sa volonté, sans avoir lui-même d'intérêt propre. Ainsi perçu, le langage ne requiert pas d'autre attention qu'une concession courtoise au respect de ses conventions internes qui apparaissent souvent bien futiles. Cet aspect peut donner facilement au scientifique l'illusion que l'activité de son esprit se situe à un niveau plus élevé que celles du littéraire, de l'historien voire du philosophe, et de leurs jeux parfois brillants et subtils, mais en fin de compte à ses yeux foncièrement vains, car dénués de toute incidence possible sur la réalité. Néanmoins il doit être noté à ce propos que les exposés scientifiques originaux de découvreurs même peu éloignés de nous, mais qui ne sont pas encore, comme c'est devenu si souvent le cas à présent, la consignation confidentielle d'exploits de clubs s'adonnant à des manipulations sophistiquées, ont toujours dans leur forme un caractère plus littéraire que les exposés didactiques ultérieurs de leurs découvertes. Les écrits de Claude Bernard sont un bon exemple de ce phénomène qui est sans aucun doute très révélateur.

Nous avons tenté d'autre part de montrer que cet outil qu'est le langage était en réalité susceptible d'avoir dans la science une action propre, aussi discrète qu'elle est profonde, totalement indépendante de la volonté de celui qui l'emploie en échappant à son contrôle. Ceci veut dire que le scientifique risque de subir à son insu certains effets nuisibles de son propre outil. C'est le deuxième aspect du rôle du langage dans la science, à propos duquel il faut noter qu'il concerne l'observation même, le langage étant le lien obligé entre l'observation et le raisonnement dont il constitue d'autre part la trame. Cet aspect est de ce fait particulièrement perceptible dans les sciences biologiques, surtout celles où la part de la description est importante.

Enfin, Poincaré attire notre attention sur la portée incommensurable du discours, en tant que support du raisonnement où le langage joue un rôle évidemment essentiel, ce sera le troisième aspect de ce rôle dans la science. Ce dernier rôle a pu offrir des risques d'erreur considérables autrefois, et nous avons vu au début de cet essai Aristote mettre déjà en garde contre ce danger à l'aide d'un exemple typique. Nous avons suffisamment insisté sur la façon dont il convenait d'entendre ces propos. Aujourd'hui les risques d'erreur viennent beaucoup plus du deuxième aspect du rôle du langage que de celui-ci. Il y a une sorte de balancement entre les deux risques suivant la place occupée par le raisonnement dans le cheminement scientifique.

Assurément, ce cheminement dans les sciences biologiques passe souvent par des séries d'étapes ponctuant de façon très variable un trajet complexe : l'interprétation des observations suscite des expérimentations dont la méthodologie est déterminée par le raisonnement, et dont les résultats vont conduire à de nouvelles interprétations, objet de confrontation avec les interprétations initiales. Néanmoins, le survol des divers aspects de l'histoire de l'Embryologie qui ont été précédemment évoqués, permet toujours, quels que soient leur éloignement et leur diversité, de discerner en eux un trait commun très significatif : la présence constante du problème du partage entre l'observation, enrichie de l'expérimentation, et le raisonnement. La combinaison de ces deux démarches de l'esprit, constitue le tissu des sciences, en particulier des sciences biologiques. Parmi ces dernières, les sciences morphologiques, telles que l'anatomie ou l'embryologie, chères au médecin parce que le caractère sensoriel de leur abord font d'elles une véritable clinique de la biologie, apparaissent ainsi un peu comparables à un tapis d'Orient dont la trame serait le raisonnement et les points noués sur elle les observations ; mais là s'arrête la comparaison qui évoque les arbustes peuplés d'oiseaux, car dans la biologie la place occupée par le raisonnement varie encore bien plus que celle que tient la trame au sein du tapis.

Dans l'Antiquité, en effet, devant la pauvreté des moyens disponibles pour recueillir les observations, c'est la meilleure adaptation à la biologie de l'exercice alors fort raffiné du raisonnement qui est d'abord poursuivie, conjointement aux premiers efforts pour enrichir les données de l'observation par le truchement d'expérimentations encore élémentaires. Aristote a mis néanmoins l'accent sur la nécessité de ces dernières, en faisant ainsi figure à la fois de penseur et de prophète étonnamment lucide ; c'est la raison pour laquelle il restera dans les siècles qui suivront, parmi les philosophes de l'Antiquité, le plus présent, et qu'il se trouvera non seulement respecté, mais porté par les courants intellectuels d'obédience islamique et chrétienne.

Cette situation changera peu jusqu'à la Renaissance. Cette époque, en fait si proche, où point le monde actuel, n'est que l'aboutissement d'une longue maturation, comme l'a montré Huyghe ; un des traits les plus saisissants que lui confère cette continuité, est la conscience persistante de la nécessité de reconnaître au raisonnement sa place prééminente, telle qu'elle transparaît à Padoue à travers les témoignages historiques auxquels il a été fait allusion. Par la suite, dès le XVIIIe siècle, l'essor des techniques, c'est-à-dire des moyens d'observer et d'élargir le champ de l'expérimentation, apportera une telle moisson d'observations, avec le désir de les utiliser efficacement, qu'il tendra à éclipser la primauté immuable du raisonnement.

Le raisonnement étant indissociable du langage, le rôle de ce dernier dans la science tend à passer inaperçu, sa méconnaissance risque alors de favoriser l'interprétation fausse d'observations rigoureuses, et surtout de perpétuer l'interprétation ainsi faussée de telles observations. À une époque où un argument d'ordre logique, le plus solide, le plus mûrement réfléchi et le plus profondément motivé qu'il soit, n'a plus, en tant que tel, de place dans des publications où s'accumulent des constatations ponctuelles, fussent-elles le plus souvent dignes d'intérêt et parfois fécondes, l'oeuvre exemplaire laissée par von Baer est à méditer.

ÉPILOGUE

Quel est, en fin de compte, l'intérêt d'une telle tentative de mise au point avec ses aspects rétrospectifs? Penserait vraisemblablement le jeune lecteur d'Aristote évoqué au début de cette étude. Légitimement impatient de se jeter dans l'aventure de la science agissante et productive, ce qui importe, se dira-t-il, depuis le repérage des structures embryonnaires cervico-faciales dont il est question, c'est essentiellement leur exploration poussée le plus loin possible par l'application des moyens de plus en plus sophistiqués dont on dispose, afin de corriger avec le maximum de précision, et donc d'opportunité, les troubles éventuels de leur développement chez l'homme.

C'est professer implicitement que la portée et l'intérêt de la science se limitent à l'efficacité de ses applications. L'essor actuel des applications scientifiques, en biologie comme dans les autres sciences, tend à justifier cette attitude très répandue. « Plus la science est efficace, moins elle apporte de réponse aux questions du sens ou du non-sens de l'existence humaine », notait néanmoins encore récemment J.-J. Salomon, cité par un mathématicien, D. Nordon. Ce n'est que le corollaire de ce qui a été dit au sujet des ambitions déçues de la science à propos d'Aristote. ***Que l'efficacité de la science soit une compensation de son renoncement à l'essentiel assez satisfaisante pour mériter d'être prise seule en considération, est plus paradoxal qu'il peut le paraître à première vue.*** Le souci si fréquent des plus grands médecins, biologistes, ou théoriciens de la physique, de faire part de leurs préoccupations philosophiques qui, lorsqu'ils atteignent le point culminant de leur expérience, prennent dans leur esprit la première place, si elles ne l'ont pas toujours occupée de façon latente, devrait pourtant donner à réfléchir.

H. Poincaré entame sa *Valeur de la Science* par cette affirmation péremptoire : « La recherche de la vérité doit être le but de notre activité ; c'est la seule fin qui soit digne d'elle. » Certes il reconnaît de suite l'opportunité des applications de la science à l'amélioration des conditions matérielles de la vie, mais c'est afin que l'homme puisse se consacrer en toute liberté « à l'étude et à la contemplation de la vérité, » insiste-t-il, en assignant ainsi résolument à la science une fin d'ordre spirituel. Le ton quelque peu emphatique de cette déclaration liminaire, ne doit pas empêcher d'y voir l'expression d'aspirations impérieuses et profondes qui prennent une valeur exemplaire en vertu de la personnalité de son auteur.

De tels propos soulèvent d'autre part de brûlantes questions. Tout d'abord n'y a-t-il pas une contradiction troublante, mais peut-être révélatrice, entre les aspirations qui sont ainsi formulées et la substitution du pouvoir au savoir comme but de la science, substitution dénoncée par Valéry, à laquelle il a été fait allusion précédemment ? C'est précisément à cette substitution que correspond l'essor contemporain de la technologie, ainsi que l'a fort bien vu François Jacob qui a su lui-même en tirer parti. Ensuite, la notion d'une vérité immanente, même si elle déborde celle de la réalité, telle qu'elle nous est accessible par les sens, ne laisse-t-elle pas encore un grand vide ? Nous laisserons le lecteur répondre intérieurement à cette dernière interrogation, espérant seulement que d'un travail patient, fût-ce le plus modeste, se dégage toujours quelque vertu apologétique.

REMERCIEMENTS

Nous remercions :

M. le Professeur Georges DAVID des Académies de Médecine et des Sciences à qui nous avons soumis cet ouvrage, ayant eu l'honneur et l'avantage de collaborer à son enseignement. Ce travail n'aurait pu aboutir sans son adhésion et son appui, ayant bénéficié d'autre part de ses critiques, en particulier au sujet des rapports entre la conception proposée des structures embryonnaires dites branchiales et l'Évolution.

M. le Professeur Jacques Patrick BARBET pour sa participation éclairée aux articles cités en référence touchant les points scientifiques essentiels de la question. Son autorité et sa réputation dans la discipline ont d'autre part permis leur parution, préalable indispensable à celle de l'ouvrage.

M. le Professeur Bernard DEVAUCHELLE qui a manifesté un intérêt actif pour ce travail dès ses débuts. Nous attachons un prix particulier à cet intérêt de la part d'un chirurgien maxillo-facial éminent, parce qu'il prouve que ce travail est susceptible de retenir l'attention de ceux qui doivent d'abord satisfaire les contraintes d'un pragmatisme exigeant.

M. Jean-Louis FISCHER, historien des sciences de la vie et de la médecine, qui a bien voulu apporter au manuscrit des corrections sur le plan historique, et dont l'accueil au Séminaire d'Histoire des Sciences qu'il a organisé sur l'embryon au Centre Koyré du Muséum de Paris, a été la source d'informations importantes.

M. Jean-Philippe ONOLFO, Maître de Conférences des Universités, dont la participation à l'un des articles cités en référence a été particulièrement précieuse, de même que le furent ses critiques de l'ouvrage en préparation, lorsque nous travaillions ensemble.

M. Paul BOUCHAIN, artiste peintre reconnu ayant enseigné l'histoire, qui nous a communiqué spontanément les études de René Huygue sur Léonard de Vinci, dont il avait pressenti la portée.

M. Vincent FLEURY qui a bien voulu, dans le cadre des relations anciennes entre nos familles, nous faire bénéficier de son expérience d'auteur d'essais scientifiques très appréciés en nous faisant part de ses critiques judicieuses.

Le R. P. Paul KRUPA O. P. dont l'intérêt soutenu qu'il a manifesté pour ce travail à la suite de celui porté par le regretté Père Bataillon, en a été un complément précieux en étant moins spécialisé, avec les avantages de sa culture européenne.

IN MEMORIAM

M. René COLLET qui mit spontanément au service d'une amitié remontant à notre jeunesse havraise la curiosité toujours en éveil et l'éclectisme de son esprit : ses attentions ont été ainsi précieuses dans ce travail au point de permettre d'en élargir la portée.

M. le Professeur Jean BERNARD, qui a vivement encouragé ce travail dès ses débuts, et nous a suggéré en particulier d'aborder l'embryologie scolastique et la tératologie d'Ambroise Paré.

M. Pierre BERNÈS qui a bien voulu revoir la traduction des citations d'Albert le Grand, fidèle aux liens noués entre nous lorsque nous étions l'un et l'autre parmi les élèves de son père au lycée Henri IV.

Le R. P. Louis Jacques BATAILLON O. P. médiéviste de réputation internationale, dont les conseils nous ont permis de mettre à profit la suggestion du Pr. J. Bernard en nous orientant vers l'œuvre d'Albert le Grand, et qui a bien voulu revoir le chapitre correspondant.

BIBLIOGRAPHIE

(Limitée aux auteurs et aux ouvrages cités)

ABANO P. **d'**. _ *Conciliator differentiarum philosophorum et praecipue medicorum*. Venise 1471.

ALBERTUS MAGNUS _ *De animalibus*.
Éd. Hermann Stadler,
(2 vol.) Münster 1916 et 1920.

— _ *De natura et origine animae*.
_ *De principiis motus processivi*.
Éd. Bernhardus Geyer.
_ *Quaestiones super de animalibus*.
Éd. Ephrem Filthaut.
Opera omnia. Institutum Aberti Magni Coloniense Bernardho Geyer preside. Tomus XII, 1955 .

— _ *Commentarii in IV sententiarum*.
Opera omnia. Éd. Steph. Caes. Aug. Borgnet. Vol. XXX.
L. Vivès, Paris 1844.

ARISTOTE _ *De la génération des animaux*.
Texte établi et traduit par Pierre Louis.
Soc. d'Éd. "Les Belles Lettres"(Coll. des Universités de France publiée sous le patronage de l'Association Guillaume Budé)
Paris 1961.

— _ *Histoire des animaux*.
Texte établi et traduit par Pierre Louis.
Soc. d'Éd. "Les Belles Lettres" (Coll. des Universités de France publiée sous le patronage de l'Association Guillaume Budé)
Paris 1966. Tome II.

— _ *Parties des animaux*. Livre I.
Traduction de J.-M. Le Blond, introduction de Pierre Pellegrin
GF-Flammarion Éd. Paris 1995.

AUGUSTIN (SAINT)_ *Les confessions.*
(S. Aureli Augustini confessionum libri tredecim)
Traduction nouvelle avec introduction et notes par Joseph Trabucco. Tome II. Livre XI, Chap. XIV-XXVIII.
Librairie Garnier Frères Éd. (Coll. Classiques Garnier)
Paris 1964.

BACHELARD G. _ *La dialectique de la durée.*
Bibliothèque de la Revue des Cours et Conférences.
Boivin et Cie. Ed. Paris 1936.

BACON F._ *Novum Organum.* (1620)
The Works of Francis Bacon.
J. Spedding, R.L. Ellis et D.D. Heath Ed. New York 1969.

BAER K. E. von _ *Epistola de Ovi Mammalium et Hominis Genesi.* Leipzig 1827.

— _ *Über Entwicklungsgeschichte der Thiere. Beobachtung und Reflexion.*
Gebrüder Bornträger, Königsberg (2 vol.) 1828 et 1837.

BARBET J. P._ *Pathologie embryo-foetale.*
Masson Éd. Paris 1997.

BEER G. R. de _ *Embryologie et Évolution.*
Traduit par Jean Rostand, revu et mis à jour par l'auteur.
Amédée Legrand Éd. Paris 1932. (1re éd. anglaise 1929)

— _*The differentiation of neural crest cells into visceral cartilages and odontoblasts in Amblystoma, and a re-eximination of the germ-layer theory.*
Procedures of Royal Society of Biology, 134, 377-407, 1947.

BENEDEN Ed. van _ *Recherches sur la maturation de l'oeuf et la fécondation et la division cellulaire.*
Arch. Biol. 4, 265-640, 1883.

BERGSON H. _ OEuvres, Édition du centenaire. Textes annotés par André Robinet. Introduction par Henri Gouhier.
Presses Universitaires de France Éd. Paris 1970.

— _ *Durée et simultanéité. À propos de la théorie d'Einstein.*
P.U.F. Éd.(Coll. Quadrige) Paris 1992. (1re éd. 1922)

BERNARD Cl._ *Introduction à l'étude de la médecine expérimentale.*
Librairie Ch. Delagrave, Paris, 2e éd. 1900. (1re éd. 1865)

— _ *Définition de la vie, les théories anciennes et la science moderne.*
Revue des Deux Mondes . 45e année, 3e période.
9 Mai-Juin 1875, 326-349 (livraison du 15 Mai 1875).

BOAISTUAU P._ *Histoires prodigieuses les plus mémorables qui ayent esté observées depuis la Nativité de Jésus Christ, jusqu'à notre siècle, extraites de plusieurs fameux auteurs, Grecs et Latins, sacrés et profanes, mises en notre langue* par Piere Boaistuau, surnommé Launay, natif de Bretagne, avec les pourtraicts et figures.
Paris, par Vincent Sertenas 1560.
Rééd. Y. Florenne, Club Fr. du Livre 1961.

BOVERI Th. H._ *Zwei Fehlerquellen bei Merogonieversuchen und die Entwicklungsfähigkeit merogonischer und partiellmerogonischer Seeigelbastarde.*
Arch. Entwm. 44, 417-471, 1918.

BRACHET A._ *Traité d'embryologie des vertébrés.*
Nouvelle édition revue et complétée par A. Dalcq et P. Gérard.
Masson et Cie Éd. Paris 1935.

BRACHET J._ *Early interactions between embryology and biochemistry.*
A history of embryology. The eighth symposium of the British Society for developmental biology. Edited by T.J. Horder, J.A.Witkowski, C.C. Wylie. p. 245-259. Cambridge University Press. 1986.

CASPAR Ph. _ *La saisie du zygote humain par l'esprit.*
Lethielleux - Culture et vérité Éd. (Coll. Le Sycomore) Paris - Namur, 1987.

__ *Penser l'embryon d'Hippocrate à nos jours.*
Éditions Universitaires (Coll. "Penser la vie" dirigée par Dominique Folscheid) Imprimé à Tournai, Belgique, 1991.

CÉARD J._ *La nature et les prodiges, l'insolite au XVIe siècle.*
Droz Éd. Genève. 2e éd. 1996. (1re éd. 1977)

CHERICI C._ *L'anatomophysiologie du cerveau et du cervelet chez Vincenzo Malacarne (1744-1816), l'ébauche d'une médecine de l'intellect.*
Thèse d'épistémologie et d'Histoire des sciences, Paris 7 Denis-Diderot, soutenue le 08 Décembre 2005.

CUSSET J. *Étude sur l'appareil branchial des vertébrés et quelques affections qui en dérivent chez l'homme.*
G. Masson Éd. Paris 1877.

CUVIER G._ *Leçons d'anatomie comparée*. 1800.

DARESTE C._ *Recherches sur la production artificielle des monstruosités, ou essais de tératogénie expérimentale.*
Reinwald et Cie éd. Paris 1877.

DAVIDSON E. H. _ *Genome function in sea-urchin embryos : fundamental insights of Th. Boveri reflected in recent molecular discoveries.*

A history of embryology. The eighth symposium of the British Society for developmental biology. Edited by T.J. Horder,
J.A. Witkowski, C.C. Wylie. p. 397-406.
Cambridge University Press. 1986.

DELORME A._ *La morphogenèse d'Albert le Grand dans l'embryologie scolastique.*
Revue Thomiste XIV, 1931, 352-360.

DEMAITRE L. et TRAVILL A. A. _ *Human Embryology and Development in the Works of Albertus Magnus.*
dans Albertus magnus and the Sciences. Commemorative Essays. Edited by James A. Weisheipl O.P.
Pontifical Institute of Mediaeval Studies. Toronto 1980.

DENTON M. _ *Évolution. Une théorie en crise.*
Traduction française. (Notes de l'auteur à cette édition française)
Londreys Éd. Paris 1988. (Édition originale anglaise 1985)

_ _ *L'Évolution a-t-elle un sens ?*
Traduit de l'anglais par Daniel Perroux.
Fayard Éd. Paris 1997.

DESCARTES R. _ *Discours de la Méthode.*
Oeuvres et lettres. (Bibliothèque. de la Pléiade. N.R.F.)
Gallimard Éd. Paris 1953.

DEVILLERS Ch. _ *Introduction à l'étude systématique des vertébrés.*
Doin Éd. Paris 1973.

_ *La genèse des mammifères.*
La Recherche . Vol. 12, n° 122, 580-589. 1981.

DUVE Ch. de _ *Une visite guidée de la cellule vivante.*
Traduction française d'Alain Amar-Costesec. International Institute of Cellular and Molecular Pathology, Bruxelles.
(Précédée d'une note de l'auteur)

Pour la Science - Diffusion Belin, éd. française de " Scientific American" Paris 1987. (1re éd. en langue anglaise 1984)

EDDINGTON A. S._ *La nature du monde physique.*
Traduit par le colonel Georges Cros.
Bibliothèque scientifique. Payot Édit. Paris 1929.
(1re éd. 1928, The nature of Physical World. Rééd.
Ann. Arbor Paperbacks. The University of Michigan Press 1958)

FABRICE D'ACQUAPENDENTE _*The Formation of the Egg and of he Chick .(De formatione ovi et pulli).*
The Formed Fetus (De formato foetu)
The Embryological Treatises of Hieronymus Fabricius of Acquapendente.
A facsimile edition, with an introduction, a translation, and a commentary by H. B. Adelmann.
Cornell University Press, Ithaca, New York. 1942.

FISCHER J.-L. _ *La vie et l'oeuvre d'un scientifique du XIXe siècle, Camille Dareste(1822-1899), fondateur de la tératologie expérimentale.*
Thèse Paris I, 1973.

— _*Comment est née la science des monstres.*
La Recherche, Janvier 1985, 16, n°162, 42-51.

— _ *Monstres. Histoire du corps et de ses défauts.*
Syros-Alternatives Éd. Paris 1991.

FISCHER J.-L. , SMITH J., CHAPDEVILLE F. et DUBOIS R. _
La localisation de la cystéine lyase et le plan d'organisation du développement embryonnaire chez divers représentants de Vertébrés.
Biology of the Cell, volume 46, p. 291-300. 1982.

FOUCAULT M. _ *Les mots et les choses. Une archéologie des sciences humaines.*
Gallimard Éd. (Bibliothèque des sciences humaines. N.R.F.)Paris 1966.

GEOFFROY SAINT-HILAIRE I. _ *Histoire générale et particulière des anomalies de l'organisation chez l'homme et les animaux.*
(2 vol.) 1832 et 1837.

GIDE A. _ *Les pages immortelles de Montaigne choisies et expliqués par André Gide.*
Éditions Corréa. Paris 1941.

GIROD C. _ *Histoire de l'Embryologie,*
dans Histoire de la Médecine, de la Pharmacie, de l'Art Dentaire et de l'Art Vétérinaire.
Tome V. 339- 387. Albin Michel, Laffont, Tchou Éd.
Paris 1978.

HAECKEL E. H. _ *Generelle Morphologie der Organismen.* 1866.

HARTSOECKER N. _ *Essai de Dioptrique.* 1694.

HARVEY W. _ *Excercitationes de generatione animalium.*
Apud Ludovicum Elzevirium. Amsterdam 1651.

HIPPOCRATE _ *De la génération. De la nature de l'enfant. Des maladies IV. Du foetus de huit mois. (Tome XI)*
Texte établi et traduit par Robert Joly.
Soc. d'Éd. "Les Belles Lettres" (Coll. des Universités de France publiée sous le patronage de l'Association Guillaume Budé)
Paris 1970.

HIS W. _ (His et Braune) Arch. f. Anat. und Phys. 1881.

— _ *Anatomie menschlicher Embryonen.* Fasc.I 1880, fasc.II 1882, fasc. III 1885.

HOLLAND P. W. H. _ *Homeobox genes and the vertebrate head. Development,* 1988, 103, Suppl., 17-24.

HORDER T. J., WITKOWKI J. A. and WYLIE C. C._ *A history of embryology.*
The eighth symposium of the British Society for developmental biology. Nottingham 1983.
Cambridge University Press. 1986.

HUYGHE R. _ *La Pensée de Léonard appartient-elle à la Renaissance?*
Connaissance de Léonard de Vinci.
L'amour de l'art. Revue Française des Arts Plastiques.
XXXIe Année, n° 67 - 68 - 69. Le Cercle Français d'Art Édit. Paris, Janvier _ Février _ Mars 1953.
— *Si proche. Léonard de Vinci. ce qu'il cachait.*
Historia , Juillet 1983, n° 44O H.S. 30-36.

JACOB F. _ *La Souris, la Mouche et l'Homme.*
Odile Jacob Éd. (Poches) Paris 2000.

KANT E._*Opus postumum.*
Traduction, présentation et notes par François Marty.
Presses Universitaires de France. Coll. Epiméthée 1986.

KLEIN Et._ *Le temps.*
Flammarion Éd. (Coll."Dominos") Paris 1995.

KOYRÉ A. _ *Études galiléennes.* (1935-1939)
Hermann Éd. (Coll. Histoire de la pensée, XV)
Paris 1966.

KUHN T. S. _ *La structure des révolutions scientifiques.*
Traduction de Laure Meyer correspondant à la nouvelle édition augmentée de 1970 et revue par l'auteur.
Flammarion Éd. (Coll. Champs) Paris 1983.
(1re éd. américaine 1962)

— *La tension essentielle _ Tradition et changement dans les sciences.*
Traduction de M. Biezunski, P.Jacob, A. Lyotard-May, G. Voyat. Gallimard Éd. Paris 1990. (1re éd. américaine 1977)

LECOMTE DU NOÜY P._ *Le temps et la vie.*
(Coll. L'avenir de la science dir. par Jean Rostand. N.R.F. Gallimard Éd. Paris 1936. (2e éd.)

LE DOUARIN N._ *Particularités du noyau interphasique de la caille japonaise*
(Coturnix coturnix japonica). Utilisation de ces particularités comme "marquage biologique" dans les recherches sur les interactions tissulaires et les migrations cellulaires au cours de l'ontogenèse.
Bull. Biol. Fr. Belg. 1969, 103, 435-452.

LEPERCHEY F._ *La notion d'appareil branchial et l'embryologie cervico-faciale.*
Morphologie (Bulletin de l'Association des Morphologistes). Volume 83, n° 261, p. 9-15, Juin 1999.

LEPERCHEY F., ONOLFO J-P., BARBET J. P. _ *À propos de la notion d'appareil branchial en embryologie cervico-faciale.*
Morphologie. Volume 85, n° 268, p. 5-7, Mars 2001.

MEIER St. _ *Development of the Chick Embryo mesoblast.*
Developmental Biology 1979,73, 25-45.

MONTAIGNE_ *Essais.*
Texte établi et annoté par Albert Thibaudet. La Pléiade. Réimp.1946.

NODEN D. M. _ *The embryonic origins of avian cranio-facial muscles and associated connective tissues.*
American Journal of Anatomy 1983, 168, 257-276.

__ *Craniofacial Development : New Views on Old Problems.*
The anatomical Record 1984, 208, 1-13.

NORDON D. _ *Les mathématiques pures n'existent pas !*
Actes Sud,

Hubert Nyssen Éd. 2e éd. 1981.

OPPENHEIMER J. M. _ *The Non-Specificity of the Germ-Layers. Essays in the History of Embryology and Biology.*
The Massachusetts Institute of Technology. (M. I. T.)
Cambridge, Massachusetts. 1967.

PANDER C. H. _ *Dissertatio inauguralis, sistens historiam metamorphoseos, quam ovum incubatum prioribus quinque diebus subit.*
Beyträge zur Entwicklungsgeschichte des Hühnchens im Eye. Würsburg 1817.
Les textes embryologiques de C.H. Pander.
Coll. De diversis artibus. Brepols. Turnhout, Belgique. 2003.

PARÉ A. _ *Des Monstres et Prodiges.*
Oeuvres d'Ambroise Paré. Gabriel Buon Édit. Paris 1585.
Le Livre du Club du Libraire. Paris 1964.

PASTEELS J. J. *La métamérie céphalique. La métamérie branchiale. Correspondance éventuelle des métaméries somitique et branchiale.*
Les vertébrés, généralités et anatomie comparée.
Zoologie, T. III, sous la direction d'Andrée Tétry.
p.573-576.
Encyclopédie de la Pléiade. Gallimard Édit. Paris 1972.

PFEIFFER S. _ *Embryologia, seu doctrina foetus in utero*. 1719.

PIERRE LOMBARD _ Sententiae in IV libris distinctae.
Editio tertia. Ad Fidem Codicum Antiquiorum Restituta.
Tomus II, Liber III et IV.
Éd. Collegii S. Bonaventurae Ad Claras Aquas.
Grotta ferrata Rome 1981.

PIGEAUD J. _ *Médecine et médecins padouans.*
Catalogue de l'exposition : Les Siècles d'or de la Médecine, Padoue XV - XVIIIe."
Paris , Jardin des Plantes, 24 Mai - 18 Décembre 1989.
Electa, Elemond Editori Associati, Milano, 1989.

PLATON_*Timée, Critias*. Texte établi et traduit par A. Rivaud.
OEuvres complètes, T. X.
Soc. d'Éd. "Les Belles Lettres" (Coll. des Universités de France publiée sous le patronage de l'Association Guillaume Budé) Paris 2002.

_ *La République*. Livres VIII à X.
Texte établi et traduit par É. Chambry.
OEuvres complètes, T. VII.2ème partie.
Soc. d'Éd. "Les Belles Lettres" (Coll. des Universités de France publiée sous le patronage de l'Association Guillaume Budé) Paris 2003.

POINCARÉ H. _ La Valeur de la Science. (1905)
Flammarion Éd. (Coll. "Champs") Paris 1970.

POSWILLO D._ *Mechanisms and pathogenesis of malformation.*
British Medical Bulletin, 32, n° 1, 59-64, 1976.

PRÉSOCRATIQUES (LES)._ Édition établie par Jean-Paul Dumont avec la collaboration de Daniel Delattre et de Jean-Paul Poirier.
(Bibliothèque de la Pléiade. N.R.F.)
Gallimard Éd. Paris 1988.

PRIGOGINE I. et STENGERS I._ *La nouvelle alliance.*
Gallimard Éd. (Folio Essais) Paris 1986.
1 1re éd. Gallimard 1979)

__ __ *Entre le temps et l'éternité.*
Flammarion Éd. (Coll. "Champs") Paris 1992.
(1re éd. Arthème Fayard, Paris 1988)

QUÉNU E. _ *Des arcs branchiaux chez l'homme.*
Asselin et Houzeau Éd. Paris 1886.

RATHKE M. H. _ Kiemen bey Saugethiere. Isis, 1825.

__ _ Anatomische Philosophische, 1832.

RÉGNAULT F. _ *Les écarts de la nature ou recueil des principales monstruosités que la nature produit dans le genre animal.* 1775.

REICHERT K. _ *De embryonum arcubus sic dictis branchialibus.* Berolini 1836.

REMAK R. _ *Untersuchungen über die Entwickelung der Wirbelthiere.* Berlin. 1850-55.

ROBERTS K. B. et TOMLINSON J. D. W. _ *The Fabric of the Body. European Traditions of Anatomical Illustration.* Clarendon Press. Oxford 1992.

ROGER J. _ *Les sciences de la vie dans la pensée française au XVIIIe siècle.* Albin Michel. Paris 1993. (1re éd. Librairie Armand Colin 1963)

ROMER A. S._ *The vertebrate body.* (Third edition)W. B. Saunders Company. Philadelphia, London 1962.

SALOMON J.-J. _ *Science et politique.* Seuil Éd. Paris 1970.

SANDER K. _ *The role of genes in ontogenesis - evolving concepts from1883 to 1983 as perceived by an insect embryologist.* A history of embryology. The eighth symposium of the British Society for developmental biology. Edited by T.J. Horder, J.A. Witkowski, C.C. Wylie. p. 363-395. Cambridge University Press. 1986.

SERTILLANGES A. D. _ *Henri Bergson et le catholicisme.* Flammarion Éd. Paris 1941.

STENSIÖ E. A. _ *The downtonian and devonian vertebrates of Spitzbergen. I. Family cephalaspidae.*

Skr. om Svalbard og Nordishavet, 1927, n° 12, 1-391.

TEILHARD DE CHARDIN P. _ *Le phénomène humain*. (1947).
Éd. du Seuil (Coll. Points) Paris 1955.

THOMAS D'AQUIN (SAINT)._ *Somme de théologie.*
Éd. du Cerf. Paris

TÉTRY A. _ *Phylogenèse et grandes lignes de l'Évolution.*
Zoologie, T. I, sous la direction de Pierre-Paul Grassé et d'Andrée Tétry. 23-53.
Encyclopédie de la Pléiade. Gallimard Éd. Paris 1963.

La notion de cordé. Les tuniciers. Les céphalocordés.
Zoologie, T. III, sous la direction d'Andrée Tétry. 369-549
Encyclopédie de la Pléiade. Gallimard Éd. Paris 1972.

VALÉRY P. *Léonard et les philosophes.*
Lettre à Leo Ferrero (1929), précédant Léonard de Vinci
ou l'oeuvre d'art. par Leo Ferrero.
Vingtième siècle. Éd. Kra Paris 1929.

— *Cahiers.*
Tomes I et II. Édition établie par J. Robinson.
(Bibliothèque de la Pléiade. N.R.F.)
Gallimard Éd.Paris 1974.

VINCI L. de_*Prophéties*
précédé de *Philosophie et Aphorismes.*
Textes extraits des *Carnets de Léonard de Vinci.*
(Tel n° 116 et n° 117)
Traduit de l'italien par Louise Servicem.
Gallimard. Folio 2005. (1re éd. 1942)

WINTREBERT P. _ *Le développement du vivant par lui-même.*
Masson Éd. Paris 1963.

WOLFF C. F. _ *De Formatione Intestinorum.* 1768-1769.
Traduction de M. J-L. Perrin, Introduction et notes de J-C. Dupont.

(Contient d'autre part le plan de la *Theoria generationis,* Thèse soutenue à Halle en 1759.)
Brepols, Turnhout, 2003. (Coll. De diversis artibus. T. 68)

WOLFF E. _ *La genèse des monstres.*
Encyclopédie de la Pléiade, Biologie. 563-620.
Gallimard Éd. Paris 1965.

TABLE DES MATIÈRES

L'HARMATTAN, ITALIA
Via Degli Artisti 15 ; 10124 Torino

L'HARMATTAN HONGRIE
Könyvesbolt ; Kossuth L. u. 14-16
1053 Budapest

L'HARMATTAN BURKINA FASO
Rue 15.167 Route du Pô Patte d'oie
12 BP 226
Ouagadougou 12
(00226) 76 59 79 86

ESPACE L'HARMATTAN KINSHASA
Faculté des Sciences Sociales,
Politiques et Administratives
BP243, KIN XI ; Université de Kinshasa

L'HARMATTAN GUINÉE
Almamya Rue KA 028
En face du restaurant le cèdre
OKB agency BP 3470 Conakry
(00224) 60 20 85 08
harmattanguinee@yahoo.fr

L'HARMATTAN CÔTE D'IVOIRE
M. Etien N'dah Ahmon
Résidence Karl / cité des arts
Abidjan-Cocody 03 BP 1588 Abidjan 03
(00225) 05 77 87 31

L'HARMATTAN MAURITANIE
Espace El Kettab du livre francophone
N° 472 avenue Palais des Congrès
BP 316 Nouakchott
(00222) 63 25 980

L'HARMATTAN CAMEROUN
BP 11486
(00237) 458 67 00
(00237) 976 61 66
harmattancam@yahoo.fr

645522 - Mars 2016
Achevé d'imprimer par

1livre.com
du rêve à la réalité !